实用养蚕技术200问

董瑞华　陈伟国　主编

中国农业出版社

主　编　董瑞华　陈伟国

副主编　戴建忠

编　者（以姓氏笔画为序）

孙智华　杨龙泉　陈伟国

董瑞华　戴建忠

前言

我国种桑养蚕有近 5 000 年的历史，是世界上茧丝绸生产大国，长期以来在促进农村经济发展和实现农业增效、农民增收上发挥了积极的作用。特别是 21 世纪随着国家“东桑西移”战略的实施，新区不断开发，生产快速发展，蚕桑成为一些经济欠发达地区农民脱贫致富的主要农业产业之一。同时，被誉为“纤维皇后”的蚕丝具有天然、绿色、环保等优点，符合现代人们的消费理念，在国际纺织纤维市场上仍占有一席之地，前景良好。

养蚕生产从蚕种催青至上蔟采茧，时间短、工序多，只有熟练掌握相应的饲养、防病等技术，才能达到稳产、高产和提高茧质的目的。生产上基层蚕桑技术人员业务水平的提高、对广大蚕农的宣传指导和蚕农（特别是养蚕大户）自身养蚕技术的学习，都需要有既简明扼要，又通俗易懂的种桑养蚕科普书籍，供他们在实际生产中阅读参考，尤其对蚕桑新发展区来说显得更加必要。为此，我们在编写出版《桑树栽培技术 150 问》和《家蚕农药中毒图谱》的基础上，通过参阅大量资料，结合本地生产实际和历年工作经验编写了本书。

本书分基础知识、蚕种催青、饲养技术、上蔟采茧、防病消毒和常见蚕病 6 部分，采用问答形式，共

200题。内容既有家蚕饲养基础知识，又有具体操作技术，力求贴近生产实际，是一本面向基层蚕桑技术人员和养蚕农户的科普读物。

由于我们水平有限，特别是对全国其他蚕区养蚕情况了解不够全面，所以书中难免存在疏漏和不足之处，敬请广大读者批评指正。

编　者

2009年11月

目　录

三、饲养技术

四、上蔟采茧

五、防病消毒

六、常见蚕病

一、基础知识

1. 蚕的种类及家蚕在生物分类学上的位置如何?

蚕是经人类长期饲养驯化、有目的选育而成的一类经济昆虫，种类很多，有以桑叶为食料的桑蚕；以柞树叶为食料的柞蚕；以蓖麻叶为食料的蓖麻蚕（蓖麻蚕以木薯为饲料时，俗称木薯蚕；蓖麻蚕以马桑叶为饲料时，俗称马桑蚕）；还有天蚕、琥珀蚕、樗蚕、樟蚕、栗蚕、乌桕蚕等。其中桑蚕又称家蚕，在我国饲养面最广、饲养数量最多，在生物分类学上属动物界、节肢动物门、昆虫纲、鳞翅目、蛾亚目、蚕蛾科、蚕蛾属、家蚕种。

由于桑园中的野蚕、桑尺蠖、桑螟、桑毛虫等也属鳞翅目，所以这些害虫所患的病毒病、细菌病、真菌病、微粒子病等可以传染给家蚕或者相互交叉传染，且所有杀虫剂对家蚕都有毒性。

2. 如何正确区分家蚕的外部形态?

家蚕幼虫呈长圆筒形，由头部和体躯构成。头部很小，呈深褐色、扁圆形，往往被误认为嘴。体躯又分为胸部和腹部，共有13个体节。胸部紧接头部，包括第1、2、3体节，每个体节腹面各有1对胸足，第1体节两侧还有1对气门（呈黑色圆点状），背部节间不明显，外观似头，所以往往有人把胸部误认为头。第4～13体节属腹部，节间明显，其中第6～9体节腹面各有1对腹足，最后体节腹面的1对腹足也称尾足；第4～11体节两侧各有1对气门；第11体节背面有一刺状突起，称为尾角。

3. 家蚕的一生要经过哪几个发育阶段?

家蚕属于完全变态昆虫，一生要经过卵、幼虫、蛹、成虫4个形态和功能完全不同的发育阶段，才能完成一个世代。唐代诗人李商隐的千古名句"春蚕到死丝方尽，蜡炬成灰泪始干"，现在人们常用其来比喻鞠躬尽瘁、死而后已的奉献精神。其实从生物学观点来看，当家蚕把丝吐尽之后，它并没有死去，只是走完了生活史中的幼虫阶段，即将变为蚕蛹而已。

(1) 卵是家蚕的胚胎发育阶段。蚕卵俗称蚕种，受精卵在一定的环境条件下，胚胎依靠吸收卵内的营养物质发育、生长，最后咬破卵壳孵化成幼虫。根据卵期的长短，分为越年卵和不越年卵两种。越年卵的卵期长，产下的卵经1周左右胚胎停止发育，在自然状态下，须经过寒冷的冬天，至下一年春季再发育孵化。不越年卵的卵期短，产下的卵只需经过10天左右的时间就开始孵化了。

(2) 幼虫是家蚕的饲养阶段。刚孵化的幼虫体躯细小，呈黑褐色，密生刚毛，形似蚂蚁，故称蚁蚕或乌毛。蚁蚕食桑后迅速成长，至结茧要经过4次蜕皮、5个龄期。家蚕在蜕皮前不食不动称为眠，此时的蚕俗称眠蚕；两次蜕皮间的时期称为龄期。1～4龄每个龄期分食桑期和眠中两个阶段，食桑期是指蜕皮后饷食（1龄为收蚁）至入眠（5龄为吐丝结茧），蜕皮后至饷食前的蚕俗称起蚕；眠中是指入眠后至蜕皮结束。其中食桑期又可分为少食期、中食期、盛食期和催眠期。在最后一龄末期停止食桑，吐丝结茧。

(3) 蛹是幼虫过渡到成虫的阶段。熟蚕上蔟吐丝结茧后蜕皮化蛹，蛹色和体壁随着时间的推移逐渐变深和硬化。蛹色变成黄褐色时为采茧适期。

(4) 成虫（即蚕蛾）是繁殖后代的阶段。蛹在茧腔内羽化为成虫，从茧内钻出后交配产卵，繁殖后代，从而完成蚕的一个世代。

4. 气象环境是怎样影响家蚕生长发育的？

（1）温度。家蚕属于变温动物，发育起点温度为7.5℃；生长发育的适温范围为20.0～30.0℃，在此适温范围内发育进度随温度上升而加快；发育最高温度为35.0℃，超过此温度生长发育就会受到影响，甚至死亡。在适温范围内小蚕期适当偏高温度饲育，大蚕期适当偏低温度饲育，有利于家蚕的正常生长发育，提高叶丝转化率和养蚕的经济效益。

（2）湿度。湿度表示空气中含有水分多少的程度，是养蚕环境条件中仅次于温度的重要因素。通常情况下湿度均用相对湿度表示，即单位体积空气内实际所含的水汽密度和同温度下饱和水汽密度的百分比。由于养蚕生产上一直以来普遍使用的温湿度计，不能直接反映蚕室内相对湿度情况，而干球温度和湿球温度的差值（简称“干湿差”）也是表示空气湿度高低的一种方法，所以为便于观察和调节，往往用此法来表示蚕室内湿度的高低。干、湿球差值大表示相对湿度低（即空气干燥），差值小表示相对湿度高（即空气潮湿）。通过干球温度和干湿差值可在附录1中查得某一温度下的相对湿度数值。在饲养过程中合理的湿度环境，有利于家蚕的正常生长发育和健康度的提高。若湿度过高，则能延长桑叶凋萎时间，使家蚕血液循环加快、生理代谢旺盛、龄期经过缩短，且蚕体肥大，影响健康度，特别对大蚕危害严重。若湿度过低，则桑叶易干瘪，蚕体较小、发育迟缓，特别对小蚕生长发育不利。各龄和同一龄期不同时期的蚕对湿度有不同的要求，小蚕期应偏湿，大蚕期应偏干；食桑期应偏湿，眠中应偏干。

（3）空气。家蚕呼吸不可缺少新鲜空气，所以蚕室通气情况对家蚕生理影响很大。尤其是气候环境恶劣的夏秋期或饲养密度高的蚕室，在3龄和4龄眠中或大蚕期遇到高温闷热天气时，如不加强蚕室通风换气，则极易导致蚕体虚弱，造成饲养后期发生蚕病。各龄蚕对气流的要求不一，一般1～2龄基本不需要气流；3龄只要微弱气流；大蚕期需要有一定的气流，即保持蚕室内悬挂的纸条微微飘动为宜。蔟室如不注意通风换气，容易造成茧质下降和产生不结茧蚕。

（4）光线。对蚕种胚胎发育和孵化影响很大，而对家蚕生长发育没有明显影响。家蚕各个时期感光性不同，收蚁前光线明亮、均匀，可提高一日孵化率。蚁蚕呈趋光性，向明亮方向爬行；熟蚕呈背光性，向较暗方向爬行，所以收蚁时要提前感光。饲养期间要注意室内光线均匀，以免蚕座内的蚕分布不匀；特别是蔟室内光线均匀，可减少下层茧、双宫茧和柴印茧等不良茧的发生。

5. 营养环境是怎样影响家蚕生长发育的？

所谓家蚕的营养环境是指桑叶质量的好坏。家蚕属寡食性昆虫，桑叶是其唯一的营养来源和最主要的水分来源，充足的叶量和良好的叶质有利于家蚕的健康发育，并能提高蚕茧产量和质量。而桑叶营养成分与桑树品种、树龄、树形，土质，肥培管理，叶位，用叶季节，气象环境，采叶时间和贮桑条件等因素密切相关。桑园成林后，生产上关键要通过增施有机肥和氮、磷、钾肥比例的科学搭配来提高叶质；通过采叶叶位的调整来满足各龄蚕生长发育所需的叶质；通过合理的桑叶贮藏方法来保全叶质。此外，桑树病虫害防治和极端天气情况下的抗旱、排涝也是确保桑叶产量和质量的重要手段。

家蚕不同龄期对叶质要求也不同，小蚕期生长发育快，吸收的营养主要用于增大体躯，所以应选采枝条上部适熟或适熟略偏嫩、水分和蛋白质含量较多、碳水化合物适量的桑叶；大蚕期（特别是5龄中、后期）需要大量的蛋白质作为形成绢丝的原料，所以要用蛋白质和碳水化合物多、水分适量的成熟叶。无论是小蚕期还是大蚕期，饲养期间长期使用过嫩或过老、偏施氮肥或日照不足等的不良桑叶，均会影响家蚕的生长发育和产茧量的提高。

6. 卫生环境是怎样影响家蚕生长发育的？

卫生环境主要指蚕室、蚕具、蔟室、蔟具及贮桑室和周围环境的清洁程度，也就是指以上用具和场所中病原微生物、寄生性生物和工业废气、农药等污染情况。如果养蚕环境卫生条件差、病原微生物多以及存在废气和农药等有害物质，就会影响家蚕的正常生长发育，容易发生蚕病和中毒。因此，为了给家蚕饲养创造良好的卫生环境，必须做好养蚕前、中、后各个环节的各项清洁消毒工作，并对各种污染源严加控制。

7. 大、小蚕期是如何划分的？

为了便于饲养管理，根据家蚕幼虫期各龄的生理特点和其对环境条件的适应性，习惯上把整个蚕期划分为小蚕期和大蚕期，即1～3龄为小蚕期，4～5龄为大蚕期。但各龄蚕生长发育过程中，在抗病力和生理特性等方面与习惯上的大、小蚕期划分有所不同，比如对病毒病的抵抗力1～4龄较弱，5龄明显增强；丝腺1～4龄增长较慢，5龄增长迅速。因此，小蚕期和大蚕期的划分是相对的。

8. 如何做好全年的养蚕布局？

养蚕布局是指一年中养几期蚕，每期在什么时候饲养以及饲养多少蚕种。这既是一个重要的技术问题，也是一个经营管理问题。良好的养蚕布局，有利于合理利用桑叶，促进桑树的正常生长（包括树型养成和盛产期的延长），有利于劳动力的合理调度安排，提高全年各期桑叶和蚕茧产量和质量，提高蚕室蚕具的利用率（包括房屋、用具的兼容性），提高蚕桑产业的经济效益。

我国幅员辽阔，气候不一，各蚕区在养蚕布局上存在很大差异。各地应综合考虑当地的气候特点、桑树生长、设备、劳力、技术和耕作制度等情况，从避开当地其他农作物忙季、有利桑园治虫、提高桑叶利用率和蚕茧产量和质量等角度出发，合理布局全年蚕期和各期的饲养量及发种时间。就杭嘉湖蚕区而言，每年4～10月均可养蚕，全年一般饲养4～5期，其原则是：养足、养好春蚕，适当饲养夏蚕和早秋蚕，合理布局中秋蚕，看叶饲养晚秋蚕。

9. 家蚕品种是如何分类的?

长期以来人类根据不同地区和不同目的要求，选育出了在饲养季节、化性、眠性、茧色、茧形、丝量、丝质、纤度、抗性等经济性状上有显著差异的众多家蚕品种。生产上常见蚕品种的分类有以下几种。

（1）以饲养季节分。根据品种对气候环境的适应性可分为春用品种、秋用品种和春秋兼用品种，其中春用品种产量高、丝量多、质量好，但抗逆性、强健度相对较弱；秋用品种则相反；春秋兼用品种介于两者之间。这是目前生产上最常见的蚕品种分类法。

（2）以化性分。一年发生一代的称一化性品种，发生二代的称二化性品种，三代以上的称多化性品种。生产上大多以二化性品种为主，广东、广西蚕区则以多化性品种为主。

（3）以眠性分。整个幼虫期就眠次数有三次、四次、五次，分别称为三眠蚕品种、四眠蚕品种和五眠蚕品种。其中以四眠蚕品种居多。

（4）以茧色分。产白色茧的为普通茧品种，产黄色、绿色、红色等彩色茧的为有色茧品种。目前，生产上饲养的绝大多数为普通茧品种。

（5）以蚕体斑纹分。生产上常见的有普通斑品种和无斑纹品种，无斑纹的蚕俗称素蚕。

10. 如何选择适宜当地饲养的蚕品种？

目前，生产上饲养的蚕品种都是一代杂交种，品种名用“甲×乙”表示，如“菁松×皓月”。优良的蚕品种可以在劳力、设备和其他生产成本投入基本相等的情况下，明显提高蚕茧产量和质量和养蚕的经济效益。一般春期气候适宜，叶质良好，应饲养多丝量春用品种；夏秋期气候恶劣，叶质较差，应饲养体质强健、耐高温的秋用品种。但一些经济发达、环境污染严重的蚕区，为降低蚕农饲养风险，稳定蚕茧解舒率，适应企业自动缫丝的需要，常推广“秋种春养”；而部分山区或半山区等秋期气候适宜、环境清洁、饲养技术水平良好的地区，为提高蚕茧产量和质量，则推广“春种秋养”。

每个蚕品种都有其优缺点，只有根据不同品种的性状特点，采取相应的饲养管理技术措施，才能最大限度地发挥优良品种的优势，这就是生产上常说的“良种良法”。不同的蚕品种对环境条件的适应性也不同，所以不同地区、不同季节应当选择饲养不同的蚕品种。一个或几个蚕品种在某地一旦大面积推广，通常会连续饲养多年，这既有利于蚕种生产计划的安排，也有利于蚕农熟悉和掌握品种的性状特点，更好地发挥品种优势。同时，在一定区域范围内（如一个镇、一个收茧庄口），原则上应饲养同一蚕品种，这样便于烘茧处理和丝厂工艺设计，且对养蚕期间的技术指导也有好处。作为一个地区饲养的蚕品种，都是当地蚕桑技术部门根据气候、环境、饲养技术水平等情况，经反复试验对比后逐步推广的。

11. 什么是雄蚕品种？

长期以来农村中饲养的蚕品种，群体中雌雄蚕比例基本各半。所谓雄蚕品种就是利用家蚕性连锁平衡致死系使雌蚕在胚胎期或稚蚕期死亡，仅雄蚕孵化并正常生长发育的蚕种。目前，农村中推广饲养的雄蚕品种“秋丰×平28”和“秋华×平30”，是浙江省农业科学院蚕桑研究所1996年从俄罗斯引进家蚕性连锁平衡致死系，经十余年攻关研究，与现行优良蚕品种组配繁育而成的。雄蚕品种与常规蚕品种相比，由于性别单一，所以群体整齐，眠起齐一，抗病性和抗逆性略强，同等卵量情况下张种用桑量有所减少，叶丝转化率高。特别是茧丝质量优势明显，具有蛹体小、烘折和缫折低、一茧丝长长、茧层率和出丝率高等优点。专养雄蚕是传统蚕桑产业上的一项重大技术革新，具有良好的推广前景。

12. 什么是蚕种三级繁育、四级制种制度?

我国家蚕种繁育采用原原种、原种和一代杂交种的三级繁育、四级制种制度。原原母种是在生产原原种时选留优良的个别蛾区制成的，即在繁育原原种的同时也在生产原原母种；繁育的原原种用于原种生产；再由原种繁育普通种（即一代杂交种）。其中原原种、原种供蚕种生产企业使用；普通种提供给广大蚕农饲养，生产蚕茧。因此，一个优良蚕品种从育成到农村推广，或农村中饲养蚕品种的更新换代，最少需要4年时间。

13. 为什么丝茧育生产上均饲养一代杂交种?

所谓丝茧育是相对种茧育而言的，以获得主要用于丝厂缫丝的优良原料茧为目的；而种茧育是以利用茧内蚕蛹生产蚕种为目的，茧丝仅作为副产品。

农村中丝茧育生产饲养的蚕种为一代杂交种，简称杂交种，又称普通种，并有二元杂交种和多元杂交种（即三元杂交种和四元杂交种）之分。它是指两个或两个以上遗传组成不同的家蚕品种杂交后产生性状指标优于亲本的杂合体。杂交蚕种具有幼虫体质强健，对蚕病及不良环境条件的抵抗力强，病死蚕和减蚕率低，孵化、眠起及上蔟齐一，结茧率、全茧量、茧层率高，丝量多，茧丝长等优点。如用一代杂交种繁育出的下一代用于丝茧育生产，则抗病性、抗逆性、蚕茧产量和质量等性状指标都会明显退化、下降，影响养蚕的经济效益。因此，丝茧育生产上均饲养一代杂交种。

14. 为什么蚕种必须实行计划供应？

蚕种是一种特殊的生产用种子，与其他农作物种子相比，具有以下特点：一是用途单一，目前蚕种基本上只用于养蚕，别无它用。二是不能久贮，蚕种使用具有严格的时效性，超过时间使用往往孵化率降低，饲养中蚕体虚弱，容易发生蚕病，导致产茧量下降，所以过期蚕种只能销毁。三是生产超前，从原原母种到蚕农饲养的一代杂交种，各环节生产与使用隔年度、跨季度，调节余地小。四是不同蚕品种的茧丝质量存在差异，同一区域内多品种混养会严重影响烘茧技术处理和缫丝企业的生产效能及产品质量。因此，为了最大限度地减少蚕种生产企业的损失、确保蚕种的正常供应、有利于饲养期间的技术指导和茧丝质量的提高，蚕种产销必须做到提前征订、计划生产、合同供应。

15. 蚕桑适度规模经营应考虑哪些因素？

种桑养蚕属劳动密集型产业，逐步发展适度规模经营，改变目前单家独户、零星分散生产的现状是产业发展的方向。由于蚕桑既是种植业，又是养殖业，生产环节多、季节性强、房屋利用率低、大蚕期用工量大，且许多操作难以实施机械化作业，目前尚停留在传统的生产方式上。所以，一般提倡适度规模经营，并应着重考虑以下因素。

（1）土地。实施蚕桑适度规模经营必须通过土地流转或租赁等形式，承包一定面积的土地种桑。要求土地平整、集中连片、能灌能排；种植的桑品种应为当地推广的优良品种，且早、中生桑搭配；种植密度宜偏稀，以利小型机械作业。并留出一定面积的土地用于搭建养蚕大棚。在承包土地面积上应根据家庭劳动力数量和当地雇工难易情况而定，一般以20亩*左右为宜。

（2）设施。蚕桑规模经营户必须建有具备加温补湿设施和能保温保湿的独立小蚕室；具有抗高温、防低温和有利通风换气等条件的大蚕室（包括大棚或简易蚕室等）；方便清洁消毒并符合桑叶存放要求的贮桑室。特别是大蚕室面积需要量大、养蚕利用率低，所以为节省投资，一般采用室外大棚育，并根据大棚综合利用方向选择合适的大棚形式。

（3）劳力。种桑养蚕用于桑园管理、蚕室蚕具消毒、采叶饲养、采茧售茧等全过程的张种用工量投入较大。虽然实施规模经营有利于提高劳动工效，全年平均张种用工量在10工左右（按8小时为1工计算），比零星分散养蚕户减少近一半，但仍需要大量的劳力，特别是养蚕期间时间短、用工密集，需足够的劳力才能做好各项饲养管理工作。且养蚕季节性强，不可能长期雇工，只能雇用短期临时工。因此，从事蚕桑适度规模经营必须要求当地有较多的剩余劳力才能进行。

16. 规模养蚕户在饲养过程中应重点注意哪些环节？

随着农业产业结构的调整和土地流转机制的逐步建立，农村中一些有志于从事种桑养蚕的农户开始发展蚕桑适度规模经营。作为规模养蚕户，重点要立足稳产，在稳产的基础上争取高产。因此，生产过程中除了要有足够的劳力、良好的桑叶和采用省力化养蚕技术以外，饲养期间关键要做到“六个一点”。

（1）防病消毒认真一点。家蚕的群集性饲养，容易使传染病扩散蔓延。因此，养蚕前必须认真做好蚕室蚕具的清洁消毒工作，最大限度地减少养蚕环境中病原的残留量。饲养中除了重视

---

* 亩为非法定计量单位，1亩＝1/15公顷≈667米^2。

饷食、眠前等易感期的消毒外，龄中还必须有针对性地做好防病消毒工作。特别要多用新鲜石灰粉消毒，做到小蚕期每给1次桑或扩1次座撒1次；大蚕期每天撒1次。

（2）用叶适熟略偏老一点。成熟桑叶有利于蚕体强健，能提高家蚕的抗病力和抗逆力。所以，在抓好桑园肥培管理和防病治虫的基础上，应根据气候、桑叶长势等情况选采好各龄桑叶，特别是桑苗产区，苗叶必须与成林桑叶交替使用。

（3）饲育温度标准一点。高温饲育，风险很大；低温饲育，则龄期延长，桑叶、用工增加，效益相对降低。所以，饲养过程中要尽可能把蚕室温度调节到适宜于各龄蚕生长发育的范围内，这样有利于减少蚕病发生，提高养蚕的经济效益。

（4）各龄提青适当提早一点。早提青有利于将迟眠蚕、病弱蚕与大批蚕分隔开来，及时予以淘汰，也便于实行分级饲养管理，确保大批蚕饲养安全。

（5）通风换气做到位一点。3龄起必须注意蚕室内的空气流通，特别是大蚕期一定要加强通风换气，确保室内空气新鲜。因劳力、地蚕育等原因少除沙或不除沙时，必须多用新鲜石灰粉干燥蚕座，以防止不良气体产生和病原微生物繁殖。

（6）大蚕期用叶量足一点。大蚕期是长蚕体、长丝腺的关键时期，充分饱食才能提高家蚕的抗病力、抗逆力和蚕茧张产。所以，要做到合理用桑、计划用桑。特别是5龄饷食第2天起必须及时放足蚕座面积，用足叶量，真正做到稀放饱食，劳力允许时应适当增加给桑次数。

17. 使用温湿度计应注意哪些事项？

（1）摄氏度和华氏度*的表示方式。摄氏度用“℃”表示，华氏度用“℉”表示。

---

* 华氏度为非法定计量单位。

（2）摄氏度为国际标准计量单位，目前市售的温湿度计均采用摄氏度表示。但蚕桑老区农户长期以来习惯采用华氏度，所以在生产过程中要进行换算或通过附录2查得。其换算公式为：℃＝（℉－32）/1.8；℉＝℃×1.8＋32。

（3）温湿度计的校准方法。在湿球纱布没有浸湿前，将多只温湿度计放在相同的环境中进行反复观察，要求温湿度计的干、湿柱数值基本相同。如果某只温湿度计数值相差较大时，可参照相对准确的温湿度计上的数值，标记上“±”误差值，以便在饲养过程中掌握。

（4）温湿度计的挂置。温湿度计应挂在蚕室中间、与热源或窗口有适当距离、并能基本反应蚕室中心温湿度的位置，挂置高度要与观察人的视线高度相接近。

（5）湿球上绑扎的纱布要用吸水性能较好的纯棉纱，并每年更换一次。

二、蚕种催青

18. 什么是蚕种催青？

催青也称为暖种，就是把经一定温度冷藏处理或浸酸处理后解除滞育的蚕种，保护在人为控制的合理环境条件下，促使蚕种胚胎正常发育直至按预定时间整齐孵化的技术处理过程。由于蚁蚕孵化前卵色转青，故称催青。催青的目的主要是促使蚕种胚胎健康发育，确保孵化齐一，并按预定日期收蚁。

19. 蚕种催青室应具备哪些条件？

蚕种催青室应建在交通方便、四周空旷、无废气及有害物污染的地方。其结构一般要求设前、后走廊作为人员进出通道、发种过渡区和温度缓冲区，以有利于保温保湿和间接换气，并可减轻外界气温变化带来的影响；有宽度为 4 米左右的凉棚作为发种场所、以便于采光和催青后期遮光操作、方便消毒等。其规模应根据当地全年最大一次发种量和蚕桑产业的发展趋势而定，一般一间长、宽、高各为 8.0 米、4.0 米、3.4 米左右的催青室，可容纳蚕种 10 000 张左右。目前，一些地区采用智能化高密度催青，则容量可达 15 000 张左右。同时，催青室还应配备温湿度控制室、蚕种解剖室、催青用具与物品储藏室等附属用房。

20. 蚕种催青需要哪些设施和物品？

催青所需设施和物品数量应根据蚕种及所用房屋多少而定，一般一间催青室按存放 10 000 张左右蚕种计算。催青主要设施和物品见表 2-1。

表2-1 催青主要设施和物品

名称	单位	数量	说明
镀锌角铁梯形架	片	6	左右搭2排，也可用木制架或不锈钢架
镀锌管	根	40	按搭10层计，也可用粗细适当的竹竿或不锈钢管
催青框	只	200	按每只56张蚕种、每层10只计算
温湿度控制设备	套	1	可独立控制各间催青室
加热器	台	2	功率1.5千瓦左右
空调器	台	1	制冷量4 000～5 000瓦
补湿器	台	1	电热式、超声波、高压喷雾等
温湿度计	只	2～3	多点放置
遮光黑布			按每间催青室门、窗数量和大小配备
显微镜	架	1	50～100倍
解剖蚕种胚胎用具	套	1	包括吸管、烧杯、二重皿、酒精灯（或小电炉）、量筒（杯）、天平等
氢氧化钾	克	50	解剖蚕种胚胎用（也可用氢氧化钠）
拖鞋	双		每位工作人员1双，另加备用

21. 催青室加温有哪些设备？

蚕种催青加温设备要求无辐射、无污染，并能达到室内温度尽可能均匀。随着科技的发展，自动控制电热加温已完全取代了原来的天火龙、地火龙、火缸等燃料加温。目前，电热加温设备种类繁多，一般催青室常用的有热风器和电热丝加温两种。

（1）热风器加温。热风器以电热管、电热丝或PTC等为发热元件，利用风机鼓动空气对流实现热交换。其优点是热效率高，维修方便，成本较低；缺点是室内温度不够均匀，长时间连续工作发热元件容易损坏。

（2）电热丝加温。常用于智能化高密度蚕种催青，一般在催青室建造设计时一并考虑。方法是在每室无门窗的两面墙上均匀分布电热丝，外覆一层隔离板，通过主气孔、气腔、风道、扩散孔和风扇等形成气流循环系统，达到使室内温度保持均匀的目的。其优点是能实现室内上下、左右温度均衡一致；缺点是辅助设施较多，结构比较复杂，造价较高，且对消毒药剂和方法有一定的限制。

22. 催青室补湿有哪些设备？

（1）超声波补湿器。利用超声波振荡原理，通过电磁换能器使某些水分子获得较大的能量并克服水分子之间的引力而逸出水面，再被风机送到空气中来增加环境湿度。其特点是雾滴细而均匀，耗电量较低，投资较小，使用方便安全，移动灵活，对室内温度影响小。但对水质要求高，如使用矿物质含量较高的硬水，容易导致雾化片结水垢而降低雾化量。目前，市场上多为功率较小的家用超声波补湿器，雾化量小、喷雾高度偏低，使用时每间最好增加配置台数，并将其放置于高处才能取得较好的效果。

（2）高速离心补湿器。也称负离子补湿器，利用电机带动叶轮高速旋转产生的机械能将水破碎成细小水滴后吹向空中，从而增加环境湿度。其特点是使用寿命长，耗电量低，操作安全方便，移动灵活，对室内温度影响小，与自来水连通后可实现自动加水。但雾滴较粗，大部分未经蒸发即落至地面，需水量较大，有效补湿量较小，室内湿度不够均匀，且容易喷湿附近的蚕种。

（3）浮筒式电热管补湿器。此类补湿器无市售，一般定制生产。补湿器设有隔层悬浮于盛水容器（水桶、水缸等）水面，靠自重使水从底部进水孔流入装有电热管的工作区，使水沸腾产生水蒸气补湿。其结构简单，使用方便，投资小，补湿速度较快。但耗电量大（功率为1.5～2.0千瓦），使用不当（如盛水容器缺水等）易出现电热管烧坏或漏电事故，且室内温度和湿度不太均匀，特别是工作时会产生热量，与夏秋期降温矛盾突出。

（4）高压喷雾补湿系统。采用柱塞水泵将水增压至6兆帕左右（约为自来水正常压力的20倍），通过耐高压铜管输送到喷嘴，从喷嘴的微孔中旋转喷出，形成直径3～10微米的细小水珠，与空气接触后进一步蒸发，达到提高空气湿度的目的。该系统与自来水和温湿度控制器直接连接后可实现自动补湿，操作简便；补湿速度快，对室温影响小，效率高于其他形式补湿器；一台水泵可供数十间催青室同时使用；综合能耗（水、电）低，安全可靠。但一次性投资较大，安装较复杂，新建催青室时一并施工最宜。

23. 催青室采用计算机实时监控和管理有什么优点？

20世纪90年代初计算机技术开始应用于蚕种催青室温湿度自动控制，并逐渐向催青数据管理等方向发展，形成了比较完整的蚕种催青室温湿度计算机实时监控和数据管理系统。其优点有以下几点。

（1）控温精度高，界面清晰、直观，各类功能操作快捷方便。

（2）可实现催青过程中温湿度的自动控制、监测、报警和数据的定时自动采集、记录、保存、备份，并可通过网络实现多终端实时监控。

（3）各批次蚕种进室和发种时间、积温、胚胎发育、转青调查、孵化试验、蚕种发放等全部信息资料实行数字化管理和保存，催青数据报表自动生成，有利于催青资料的查询和对各批次蚕种质量等情况的跟踪调查。

（4）可实现当前任何一批蚕种与历史同期别、同品种各种数据在同一界面上的对比，便于借鉴历年经验、合理调控催青温湿度、提高蚕种一日孵化率。

24. 如何确定蚕种出库催青适期？

春期蚕种出库催青适期主要依据桑树发芽情况而定，一般以当地中晚熟桑品种开放 4～5 叶为宜。同时，还要根据当地气候特点、养蚕布局和主要农作物种植或收获时间，并参考历年气象资料等情况后综合考虑。总的要求是使 5 龄期用叶高峰与桑叶盛产高峰相吻合，达到各龄蚕都能吃到适熟叶的目的。夏秋蚕各期蚕种出库催青适期主要根据当地气候条件、桑园病虫害发生规律、历年养蚕布局经验和提高桑叶利用率等因素确定，各地差异较大。

25. 催青前应做好哪些准备工作？

（1）催青室消毒一般在催青前 10 天左右进行。先将室内外环境清扫干净，然后用自来水冲洗催青室及所有用具，待室具干燥后关闭门窗，按常规蚕室蚕具消毒方法，对催青用具和室内外环境进行喷洒消毒。消毒后保持湿润半小时以上再打开门窗，通风干燥并充分排除消毒药剂气味后关闭门窗备用。

（2）准备好催青过程中解剖蚕种胚胎所用的各类物品以及其他必需品。

（3）校对好温湿度计，悬挂于每室中间和两端。同时，要检查和调试好各种电器设备和自动控制系统，以确保催青期间运行正常。

（4）根据蚕种数量多少，配备相应工作人员，并组织培训，提出具体工作要求。

（5）蚕种进室前一天开启温湿度调节设备，设定至目的温湿度。

26. 预催青有什么作用？

为了掌握当期所用各批次蚕种胚胎整齐度和发育等情况，为大批蚕种催青时的技术处理提供参考依据，确保蚕种一日孵化率的提高，做好预催青工作很有必要。预催青一般比大批蚕种催青提前 5 天左右，每批次蚕种随机抽取 2 张，用常规方法进行催青，观察调查胚胎发育进度、整齐度、点青和转青时间、苗蚁发生、所需积温等情况，并调查各批次蚕种一日孵化率。对某些胚胎发育进度与大多数批次差异较大的批次，在正式催青时加强观察，通过温湿度调节，促使其胚胎发育与其他批次蚕种基本一致，从而确保按预定日期发种、收蚁。

27. 如何做好蚕种出库和运输工作?

不同蚕品种催青所需积温不一，所以要根据确定的收蚁日期和用种数量，安排好各蚕品种的出库时间，并提前通知蚕种冷藏单位。蚕种出库时为避免温度激变，一般先在外库过渡1天，然后进入低温室保护。并逐批清点核对场别、品种、批次、数量，仔细检查是否有空盒、漏盒等，然后装箱待运。

蚕种运输必须专人专车，车辆应事先清洗消毒，严防有毒有害物质污染，并备好运输途中防晒、防雨用的黑布和塑料薄膜等用具。出库蚕种一般在低温室保护1天左右后运至催青室。装运时不得用塑料薄膜紧密包扎，以防因蒸热导致蚕种不孵化等不良后果。途中要防止高温、日晒、雨淋、挤压等，不得接触有强烈气味的物品和化肥、农药、油类等。为避免途中接触高温，一般以早、晚或夜间温度较低时运输为宜。

28. 蚕种长途运输应注意哪些问题?

由于蚕种计划生产、用途单一、时效性强，所以蚕种供需不平衡的情况时有发生，往往要在各蚕区间相互调剂。尤其是新发展的蚕区，可能尚不具备制种条件或自行供种能力不足，需要从外地采购蚕种。有时蚕种运输距离远达几千千米，经过的中间环节多，稍不注意很容易影响蚕种质量。因此，必须从以下5个方面做好蚕种的长途运输工作。

（1）蚕种调运适期。远距离调运蚕种一般在入库前或出库后进行。越年种最好在浴种后将其调运到用种地附近的冷库贮藏，但需提早签订购种合同。临时需要调运蚕种或浸酸种调运时，通常在蚕种常规出库胚胎期进行，蚕种到达目的地后马上进室催青。由于蚕种在运输途中胚胎已开始发育，所以催青天数相应减少。

(2) 运输工具。远距离调运蚕种尽可能选择速度快、途中经过时间短的航空托运。火车托运时最好采用随身行李，即需人员押运，避免常规货运时间过长。

(3) 蚕种包装。长途运输的蚕种必须做到包装坚固，透气性好，可用漏空木箱、内衬纱布袋的方法包装，也可用打孔的专用蚕种包装箱，切不可用塑料薄膜等密闭物品包裹。

(4) 信息标注。蚕种包装箱上除了必须的托运信息（发货人、收货人、地址和联系电话、总件数等）外，最好注明蚕种（鲜活种子）、适宜温度、防止雨淋受潮、防压、防摔、防农药毒物等相关要求和注意事项，以引起运输过程中各环节工作人员的重视。

(5) 联络及时。蚕种托运后应及时告知收货单位飞机航班、火车车次、起运时间、中转地点、承运人联系方法、经过时间等，以便一旦误时能够在最短时间内查清问题，及时采取措施。

29. 催青过程中影响蚕种胚胎发育的环境条件有哪些？

催青过程中影响蚕种胚胎发育的环境条件主要有温度、湿度、光线和空气。

(1) 温度。温度对蚕种胚胎发育的影响最大，并直接关系到催青时间、蚕种化性、蚕种孵化的齐一程度和孵化后蚁体的强健度等。在整个催青阶段，温度应控制在 15.0～26.5℃范围内，采取分段升温的方法，先低后高，直至孵化。$丙_2$（最长期）胚胎以前以 15.0～17.8℃为宜；$丙_2$ 至$戊_3$（缩短期）胚胎以 20.0～25.0℃为宜；以后保持在 25.0～26.5℃。需要注意的是：在室内温度相同的情况下，外界温度高、湿度大时，蚕种胚胎发育有加快的倾向。

(2) 湿度。湿度主要影响蚕种孵化的齐一程度，同时对胚胎发育速度、蚁体强健度和蚕种化性也有一定影响。高湿或干燥都有碍蚕种生理，容易造成胚胎发育不良、孵化后不利饲养等问题。如在50%以下相对湿度的干燥环境中催青，可导致蚕种水分散发激增、死卵增多、催青时间延长、蚁体小、孵化显著不齐、有的无力脱出卵壳；若在90%以上相对湿度的高湿环境中催青，虽可缩短催青时间，孵化齐一，但可导致蚁体肥大、体质虚弱、易发蚕病。所以，在催青过程中应防止过干或过湿，相对湿度应保持在70%～85%。一般催青前期为70%～75%，避免高湿；后期为75%～85%，避免干燥。

(3) 光线。光线对蚕种化性的影响仅次于温度，特别对蚕种孵化齐一程度和孵化时间影响很大。如果把蚕种放在昼夜全暗或全明中催青，则蚕种孵化时间会极不一致；而若放在昼明夜暗自然环境中催青，则蚕种会在上午5～9时孵化。因此，催青中为控制蚕种化性，在掌握光线明暗规律的基础上，戊$_3$胚胎起至已$_3$胚胎结束，每天应增加人工照明感光，并掌握光线明暗规律。催青至蚕种点青后，黑暗环境对蚕种胚胎发育有抑制作用，所以为了减少苗蚁发生，必须进行遮光处理，保持室内全天黑暗(包括补催青期间)。这样收蚁当天早晨感光后，就能促使蚕种孵化齐一。这是提高蚕种一日孵化率的有效措施之一。

(4) 空气。蚕种无特殊的呼吸器官，完全靠蚕种表面的扩散作用来吸取氧气。同时，蚕种对不良气体的抵抗力为催青初期略强、后期减弱。而催青期间随着蚕种胚胎的发育，呼吸量逐渐增大，特别是蚕种转青后呼吸作用旺盛，会产生一定量的二氧化碳。因此，催青过程中必须每天进行换气，以保持室内空气新鲜。

30. 怎样解剖蚕种胚胎？

通常采用氢氧化钾（或氢氧化钠）解剖法，操作步骤如下。

(1) 配液。称取氢氧化钾 15 克或 20 克，溶于 85 毫升或 80 毫升水中，配制成 15%～20%（冷藏浸酸种取高限）的溶液。

(2) 抽样。每批次蚕种随机抽取蚕卵 30 粒左右（平附种连同蚕种纸撕下）。

(3) 浸卵。将溶液加温煮沸，随即离开热源。当溶液停止翻滚时，将样品蚕卵放入铜丝小网兜内，先用滴管吸清水湿润蚕卵，然后浸入溶液中，轻轻振动（蚕卵不能浮于液面），当卵色变为赤豆色时立即取出，放入清水中。

(4) 漂洗。浸渍后的蚕卵应在清水中反复漂洗数次，以充分脱净蚕卵表面的碱性残液。

(5) 解剖。将漂洗后的蚕卵放在盛有清水的二重皿中，用吸管反复吸入冲击，使胚胎脱离卵壳。若胚胎不易脱出，则可加 60℃左右热水。

(6) 整理镜检。将胚胎用吸管吸取移放到载玻片上，并留少许水（以浸润胚胎为度），再用工笔画细毛笔轻轻整理，使胚胎伸直平整，然后用 60 倍左右的显微镜观察其发育程度。一般每批次蚕种要求有 20 个以上完整胚胎。

31. 蚕种进催青室当天应做好哪些工作？

蚕种运至催青室后，应立即按场别、品种、批次等分别清点整理后进入相应室内，并将其保护在合理的温湿度环境中。然后将蚕种插入催青框内，轻轻摇平后插入梯形架，尽可能使盒内蚕种摊平摊薄，以利蚕种感温感湿均匀。为便于催青期间各项工作的开展，最好在催青框上按批次粘贴不同颜色的标签。各批次蚕种应放在梯形架上同一水平位置，即横向排列，不宜竖向排列，以利同一批次蚕种感温感湿基本一致。蚕种进室后要及时对各批次蚕种抽样解剖，观察其胚胎发育情况，以确定合理的保护温湿度。

32. 现行蚕种催青技术操作方法（标准）有哪两种？

蚕种催青有常规催青（即分段加温法）和简化催青（即两段加温法）两种方法。目前，生产上为便于对蚕种胚胎发育的调节，大多采用常规催青方法。两种催青方法各阶段的温湿度标准和光线处理要求见表 2-2 和表 2-3。

表 2-2　家蚕种常规催青标准

催青日程	1	2	3	4	5	6	7	8	9	10	11
胚胎代号	丙$_2$	丁$_1$、丁$_2$	戊$_1$	戊$_2$	戊$_3$	己$_1$	己$_2$	己$_3$	己$_4$	己$_5$	孵化
目的温度（℃）	20.0	22.5		24.0	25.0	25.5					
目的湿度（%）	74～79	76		76～81	77～81		81	86			81～86
光　线	自然光线				每日感光 18 小时				全日遮光		5～6 时感光

表 2-3　家蚕种简化催青标准

催青日程	1	2	3	4	5	6	7	8	9	10	11
胚胎代号	丙$_2$	丁$_1$、丁$_2$	戊$_1$	戊$_2$	戊$_3$	己$_1$	己$_2$	己$_3$	己$_4$	己$_5$	孵化
目的温度（℃）	22.5				25.5						
目的湿度（%）	76				81						
光　线	自然光线				每日感光 18 小时				全日遮光		5～6 时感光

注：简化催青前段和后段温差较大，应在戊$_2$ 胚胎 18 小时后，每小时升温 0.5℃，逐步把温度调节到 25.5℃。

33. 催青期间应做好哪些常规技术处理工作？

（1）每天早晨对各批次蚕种解剖 1 次，戊$_3$ 胚胎后为控制蚕种点青时间，有利温湿度调节，每天下午应增加 1 次解剖。

（2）根据每天解剖观察到的蚕种胚胎发育程度，及时调节好室内目的温湿度。为防止温湿度自动控制系统发生故障，要求工作人员对室内温湿度情况每半小时观察检查 1 次，每小时记录 1 次（包括室外环境温湿度）。

（3）为使蚕种感温感湿均匀、孵化齐一，每天上、下午结合摇种（散卵种），须调换每框蚕种位置，调换时要求上下对调、内外对调。点青后摇种时应避免动作过激，以免产生不利影响。采用微循环系统调控室内温湿度的高密度催青，由于室内上下、左右温湿度均衡，一般不需调种、摇种。

（4）每天要做好室内的定时换气工作，确保空气新鲜。一般戊$_3$胚胎前结合摇种每天上、下午各1次；戊$_3$胚胎后应适当增加换气次数。换气应在室内外温差较小时进行，温差大时可利用走廊间接换气。每次换气时间一般掌握在10分钟左右。

（5）为掌握各批次蚕种的实际孵化情况，应在发种前对每批次蚕种随机抽取500～1 000粒，按补催青标准温湿度保护，在预定收蚁日及次日进行2次孵化率调查。

34. 如何抓好3个关键胚胎阶段的技术处理工作？

蚕种催青过程中特别要重视丙$_2$（最长期）、戊$_3$（缩短期）和己$_4$（点青期）3个关键胚胎期的技术处理工作。

（1）丙$_2$。是催青加温起点胚胎，其整齐度关系到以后各阶段胚胎的齐一程度。所以，必须在解剖观察到的胚胎几乎全面进入该时期后再加温至20.0℃。加温过早易使后期胚胎发育不齐。

（2）戊$_3$。是进入高温及感光阶段保护的胚胎，也是调控适时点青的重要时期。进入该胚胎期后，一方面要升温至25.0℃；另一方面每天除自然光线外，应增加人工照明感光6小时，使蚕种每天感光时间达到18小时。

（3）己$_4$。是开始点青、进入遮光黑暗保护的胚胎，也是预测孵化齐一程度和苗蚁多少的关键时期。蚕种点青后一般每隔4小时调查一次转青率，并根据转青程度及时调节温湿度，以确保按时转齐。同时，应做到严格遮光，保持室内完全黑暗，如需进室检查、采样时，必须用微弱红光照明，以防蚕种感光后产生苗蚁。

35. 遇到蚕种胚胎发育不齐时应如何处理？

蚕种胚胎发育不齐有两种情况：一种是同一批次内蚕种胚胎发育不齐；另一种是批次之间蚕种胚胎发育不齐。催青过程中要根据实际情况，采取相应技术处理措施。

通过预催青或蚕种出库后的解剖，如发现同一批次内蚕种胚胎发育不齐时，首先要避免丙$_2$胚胎前接触20.0℃以上温度。所以，蚕种运输路途较远时，出库后的蚕种应在15.0℃左右的低温室内保护1～2天；运输途中要防止高温、蒸热；蚕种进入催青室后，通过解剖发现胚胎尚未全部进入丙$_2$时，必须继续在低于20.0℃的环境中保护，待全部进入丙$_2$胚胎后再升温，以促使胚胎发育逐步趋向齐一。其次是催青期间要加强对这些批次蚕种的解剖和温湿度调节，如进入点青期后仍发现胚胎发育欠齐时，要充分利用点青期以后蚕种胚胎发育在黑暗中保护比明亮中保护快，以及在黑暗中蚕种孵化受抑制的特点，在预定收蚁日前64小时左右遮光，提前进行黑暗保护，同时保持目的温湿度，以促使偏慢胚胎发育加快，整体发育趋于齐一。

批次之间蚕种胚胎发育不齐时的处理相对容易。如胚胎发育开差较小时，可在同一室内利用上下层之间的温差来调节，即把胚胎发育偏慢批次的蚕种放于上层，胚胎发育偏快批次的蚕种放于下层；如胚胎发育开差较大时，只能通过转室来调节，即把胚胎发育程度基本一致批次的蚕种放于同一室，并分别调节各室的温湿度。

36. 怎样控制蚕种转青齐一的时间？

蚕种转青齐一时间的迟早，直接关系到蚕种一日孵化率的高低和发种时苗蚁的多少。过早转齐，发种时容易产生苗蚁；延迟转齐，则会降低蚕种一日孵化率。多年的生产实践表明，春期在预定收蚁日前两天早晨4～8时转齐、夏秋期在预定收蚁日前2

天上午 8～12 时转齐，只要补催青合理，一日孵化率均能达到 95%以上。要使蚕种在预定时间内转齐，首先要合理调控催青温湿度，使各阶段的胚胎发育与预期相一致，特别要重视戊$_3$胚胎后每天的温湿度调节。其次要分析各蚕品种历年从点青到转齐的时间，控制点青时间。如秋丰×白玉品种，一般从点青至转齐需 28 小时左右，所以春期以预定收蚁日前 3 天 0 时左右见点青卵为好；夏秋期以预定收蚁日前 3 天凌晨 4 时左右见点青卵为好。从胚胎形态上，要求春期在预定收蚁日前 4 天上午解剖，以大部分胚胎见短刚毛（即超过己$_2$）、少量胚胎见长刚毛（即不到己$_3$）为宜；夏秋期在预定收蚁日前 4 天上午解剖，以大部分胚胎为己$_2$、少量胚胎见短刚毛为宜。

37. 遇到特殊情况需推迟发种收蚁时应如何处理？

蚕种催青开始后，如遇霜、雪、冰雹等突发性灾害天气，桑树生长受到严重影响，无法按计划收蚁饲养时，必须推迟发种时间。根据蚕种催青进程的不同，可采取降低催青温度或转青卵冷藏抑制等办法进行处理。需要注意的是，在进入冷藏抑制前和冷藏抑制结束后都必须经过 3～5 小时的中间温度过渡，严防温度激变。

（1）催青初期至丁$_2$胚胎前，可用温度 5.0℃，相对湿度 75%（干湿差 1.5℃）抑制保护 15 天左右；或温度 12.0℃，相对湿度 80%（干湿差 1.5℃）抑制保护 2～3 天。

（2）如胚胎发育已超过丁$_2$时，则应按原计划加温催青，待全部胚胎发育至己$_5$，并略有苗蚁时再进行冷藏。冷藏温度为 5.0℃，相对湿度不低于 75%（干湿差 1.5℃），时间尽可能短，一般不宜超过 7 天。

（3）万不得已时也可采用冷藏蚁蚕的方法，冷藏温度 10.0℃，相对湿度 80%（干湿差 1.5℃），冷藏时间以 2～3 天为宜。经过冷藏的蚁蚕，体质相对较弱，饲养期间必须加强以防病消毒为重点的各项管理工作。

38. 怎样减少发种时的苗蚁?

发种时有苗蚁不仅可对蚕种分发造成困难，而且容易导致蚁蚕逆出。产生苗蚁的原因主要是蚕种胚胎发育偏快、点青时间偏早。所以，在催青过程中由于种种原因导致个别批次的蚕种点青时间早于预期时，应将这些批次的蚕种集中于一室，加强对蚕种转青率的调查，在通过多个样本调查证明蚕种已转齐后，间隔4小时左右开始用空调降温，降温幅度可根据转青齐一的时间比预期提前多少和自然温度情况而定。降温期间要避免空调冷风直吹蚕种，并注意室内湿度变化，防止过于干燥。同时，要严格遮光，保持室内无光线泄漏，尽量避免人员进出。发种前2小时左右关闭空调，逐步使室温与外温接近。发种时应将这些批次的蚕种发给路途运输较近的乡镇，并用黑布或红纸包裹遮光。

39. 如何做好发种工作?

发种一般掌握在蚕种转青齐一后进行，路途较近的可略偏迟，路途较远的可略提前。发种前要根据各乡镇上报的各村蚕种数量，安排好蚕种批次，做好拆零分装工作。同时，为了缩短发种时间、避免出现差错，应在室内遮光前按各领种单位的蚕种数量分别放置，并挂上总张数、整盒数、零张数等内容的标签。发种前2小时左右应停止加温或降温，使室温与外温基本接近，以免温度激变影响孵化和蚁蚕体质。发种时间应根据环境温度和日照等情况而定，一般春期宜在下午3时左右进行；夏秋期宜在早晚进行。

40. 如何做好领种过程中的蚕种保护工作?

蚕种转青后呼吸作用旺盛，对不良气体和环境的抵抗力弱，如操作不当，则容易发生蚕种不孵化等各种问题。因此，在领种过程中应做好以下工作。

(1) 领种须用事先经消毒处理的蚕种专用箱、竹筐或其他清洁纸箱等透气用具，并避免接触灭蚊蝇药、农药等有毒有害物质。运种车辆不能装运过有毒物品，事先必须经过清洗消毒，并带上遮光、防雨等用具。

(2) 领到蚕种后要点清张数，整理装箱时动作要轻，并用黑布或红纸遮光包装。

(3) 蚕种不能放在车辆发动机旁，途中要遮光，防止高温、闷热、日晒、雨淋和剧烈振动等，严防接触农药及有害气体。

(4) 装入箱内的蚕种如积压时间过长，中间部分蚕种因呼吸产生热量而容易发生蒸热，不仅会增加苗蚁量影响摊卵，而且极易出现蚁蚕逆出，并导致蚁蚕体质虚弱。因此，蚕种运至目的地后，要及时分发到养蚕农户，以防意外事故发生。若遇特殊情况暂时不能发放时，要将蚕种摊放在附近小蚕共育室的蚕匾内，并进行遮光保护，严防因蚕种长时间装在领种工具内或堆积，影响蚕种胚胎正常呼吸而产生不良后果。

41. 怎样预防蚁蚕逆出现象的发生？

所谓蚁蚕逆出就是在蚕种孵化时部分蚁蚕尾部先出孵化孔，头部套着卵壳不停地摇摆的现象，俗称“戴帽子”。产生这一现象的原因：一是在蚁蚕咬破卵壳即将孵化时，若遇强风直吹，或路途颠簸、不停振动，或在两者的共同作用下，可导致刚要孵化的蚁体在卵壳内逆转；二是因发种偏迟，苗蚁多，且蚕种进室后没有及时摊卵，堆积时间过长，小环境闷热、缺氧，从而使已咬破卵壳的蚁体在卵壳内挣扎、逆转，影响正常孵化。

由于蚁蚕逆出多发生于胚胎发育偏快、发种时苗蚁较多的蚕种，所以要防止蚁蚕逆出现象的发生，首先是要在催青过程中合理调节好温湿度，控制蚕种转青齐一的时间，尽量减少发种时出现苗蚁；同时，应根据乡镇与催青室之间距离的远近安排蚕种批次，将胚胎发育偏快的批次发给路途较近的乡镇，发育偏慢的批次发给路途较远的乡镇。其次是发种时和运输途中要避免强风直吹和接触不良气体，防止剧烈振动、高温闷热、日晒雨淋和温度激变等。再次是蚕种进室后要及时摊卵，严禁长时间密闭堆积，特别是苗蚁较多时，更应抓紧做好摊卵工作。一旦发生蚁蚕逆出，应立即降低室内温度，以防蚁蚕活动过强消耗体能；并在蚕种上覆盖潮湿蚕网，这样既能提高环境湿度，又可增加蚁蚕运动时的摩擦力，使逆出的蚁蚕脱离卵壳。

42. 雄蚕品种催青有何特点？

蚕种场繁育的成品雄蚕种雌雄比例基本各半，催青过程中前期各项技术操作与常规品种相同，反转期（即戊$_3$胚胎）后由于家蚕性连锁平衡致死系的作用，其中的雌性胚胎开始陆续死亡，至蚕种转青阶段绝大多数雌性胚胎的蚕种成为死卵，只有少数仍能继续转青，而雄性胚胎则能正常发育转青。由于雌、雄蚕种混杂在一起，常规的蚕种转青率调查很难反映雄蚕种胚胎发育的真实情况，所以进入己$_4$胚胎后，一方面要增加解剖镜检次数，观察胚胎发育情况；另一方面要做好蚕种转青率的调查，当前后两次转青率调查数据基本接近时，方可确定为转青完成。一般雄蚕种的转青率在70%～80%。在催青用温上，前期与常规品种相同，戊$_3$胚胎后比常规品种适当偏高0.3℃左右，催青总积温略高于常规品种。此外，由于在蚕种张数相同的情况下，雄蚕品种卵量比常规品种多1倍，所以催青用具应同比例增加。

三、饲养技术

43. 养蚕需要哪些房屋设施？有什么要求？

根据养蚕生产的用途可分为小蚕室、大蚕室、贮桑室和上蔟室等。总的要求是远离污染源，便于清洗消毒和温湿度、气流的调节。目前，农村养蚕大多作为副业生产，一家一户饲养规模都比较小，农户大多将住房兼作蚕室。因此，蚕区农户在新建住房时应考虑兼作蚕室的要求，如设置对流窗户、适当扩大窗户面积、小蚕室的加温设施等。

（1）小蚕室用于饲养1～3龄蚕。由于小蚕期需要高温高湿环境，所以要求具有较好的保温保湿性能，并有安全的暗火加温设施。养蚕有一定规模的农户常建有小蚕专用蚕室，一般农户常用塑料薄膜在住房中围出一小间作为小蚕饲养场所。

（2）大蚕室用于饲养4～5龄蚕。要求具有良好的通风透气和排湿性能。目前，农村养蚕户大都饲养在住宅内，养蚕数量多或规模养蚕大户可采用搭建室外养蚕大棚的办法，以解决大蚕期饲养面积不足的矛盾。

（3）贮桑室为桑叶贮存的场所。要求低温高湿、毗邻蚕室、无阳光直射、便于清洗消毒。最好采用地下室或半地下室结构，地面用水泥硬化。

（4）上蔟室通常与大蚕室套用。

44. 饲养一张蚕种需要准备哪些物品？

（1）调桑用具。切桑板、切桑刀、秤各1件。

（2）采桑用具。小蚕采叶筐（篮）1只，大蚕采叶筐1对。

（3）贮桑用具。小蚕期贮桑塑料盆或水缸1只，塑料薄膜1块（大小可根据贮桑器具而定）。

（4）加温用具（燃料）。天火龙、地火龙或电加温器等1套（包括加温用燃料，补湿用沙子、水壶或锅等），温湿度计1只。

（5）除沙用具。小蚕网12只，大蚕网70只。

（6）养蚕用具。收蚁用普通红纸1张，压卵网1只，收蚁网2只，蚕筷2双，鹅毛2根，专用打孔塑料薄膜6张，给桑架1只，蚕匾（120厘米×90厘米）35只及相应的梯形蚕架，或不少于35米^{2}的蚕台。

（7）防病消毒药品。漂白粉1千克（或消特灵2套），小蚕防病一号1千克，大蚕防病一号1.5千克，生石灰（块灰）20千克，另加漂白粉防僵粉、抗生素、灭蚕蝇等。

（8）消毒用具。喷雾器、水桶各1只。

（9）上蔟用具。主要是蔟具，如方格蔟、塑料折蔟、蜈蚣蔟、伞形蔟（张种用量参照“四、上蔟采茧”部分相关问题）。

45. 养蚕前应做好哪些准备工作？

养蚕前的准备，从广义上说包括养蚕布局的安排、蚕品种的选择、劳动力的调度、养蚕设施以及养蚕所需物材料的准备等；从狭义上说主要指蚕种进室前需要做好的各项工作，包括蚕室蚕具的清洗消毒与养蚕物材料的准备等。

（1）加温设施的准备、检查和调试。春蚕和晚秋蚕小蚕饲养期一般需要加温，养蚕前要对所用的加温设施进行检查、试用，以确保蚕种进室后正常使用，杜绝事故发生。同时，要准备好加温设施所需的相应燃料。

（2）安排好蚕室蚕具。养蚕所需用具种类很多，须根据饲养蚕种数量准备好相应的蚕室、贮桑室和蚕匾等饲养用具、消毒用具、收蚁用具、采桑用具、调桑给桑用具、除沙用具等物品。

（3）及时做好蚕室蚕具消毒工作。为了避免病原的垂直传播，减少养蚕环境中病原的残留量，一般在蚕种进室前 7 天左右，清洁蚕室及周围环境，对所用的蚕室蚕具进行全面清洗消毒。

46. 养蚕前蚕室蚕具消毒有什么要求？

养蚕环境和所用室具随着饲养期数的增加，残留的病原数量多、分布广，加上小蚕对病原微生物的抵抗力较弱，容易感染蚕病，所以饲养前蚕室蚕具消毒是防病工作的重要一环。养蚕前对所需室具集中消毒处理，能有效减少病原残留量，切断垂直传染源，有利于饲养期间少发病或不发病。养蚕前消毒以在饲养前 1 周左右进行为宜，时间过早，消毒后的蚕室蚕具如管理不当，则容易受到有毒有害物质或病原的污染。消毒的具体要求有以下几点。

（1）室具要扫清、洗净。消毒前必须先对蚕室蚕具（包括周围环境）进行全面清扫，除去蚕沙、死蚕斑痕、灰尘等，然后冲洗蚕室，清洗蚕具，以减少附着在蚕室蚕具上病原微生物的数量，并使病原微生物充分暴露出来，提高消毒效果。同时，将能移动的用具置于阳光下曝晒。

（2）药剂要配准、对症。要选用广谱性消毒剂，以利杀灭各种病原微生物，并按所用消毒药剂的使用说明配准浓度、正确使用。对区域内流行的某类蚕病可选用针对性药剂重点消毒。

（3）药量要用足、喷匀。消毒时必须用足药量，蚕室墙面、屋顶、地面和周围环境要喷雾周到，不留死角；蚕具无论是浸渍消毒还是喷雾消毒，都要做到浸透、喷匀。消毒后必须保持湿润半小时以上。

（4）室具要消全、管好。生产上养蚕前消毒一般以小蚕用蚕室、蚕具、贮桑室及其他用具为主（大蚕用室具在使用前再进行消毒），对这些室具必须全面消毒，做到一件不漏，消毒后要集中于一室妥善保管，避免再次污染。

47. 为什么养蚕加温必须要采用暗火形式?

蚕室加温的方法很多，从形式上可分为暗火加温和明火加温两大类。暗火加温一般利用烟道传热和不直接燃烧的方法，如地火龙、天火龙、热风器、电炉等。其优点是室内温度比较均衡，且不见明火，对人、蚕均比较安全。明火加温指燃料在室内直接燃烧而不采用烟道排到室外，加温过程中产生的一氧化碳、二氧化碳等不良气体对家蚕和饲养人员都十分有害，容易发生火灾和人、蚕中毒甚至死亡等事故，且室内温度不够均衡。所以，养蚕加温必须采取暗火加温形式，杜绝明火加温。

48. 常见的暗火加温形式有哪些?

目前，农村中比较常用的暗火加温设施有以下4种。

(1) 地火龙。在蚕室地面下修建截面为20厘米×20厘米左右的回转式烟道，在烟道上铺一层黄沙后与地面相平，以利加水补湿，燃料投放口应建在室外走廊上。此形式加温补湿性能好、不占空间、操作方便、安全可靠。但建造时要损坏原有地面，所以最好建房时一并考虑。

(2) 天火龙。以木柴炉、木屑桶等为热源，用铁皮管作烟道，悬挂于蚕室内并通向室外，烟道末端须加装防风帽，以防烟气倒灌。此形式拆装方便，不破坏蚕室结构。但占用蚕室空间，饲养操作稍有不便，且烟道接口如密封不到位，废气容易泄漏，影响饲养安全。

(3) 电炉。由1 500瓦左右的电炉和温控器组成，有厂家专门生产。此形式加温只要按使用说明操作，即可实现自动控温，安全实用。但只适用于饲养数量少、空间小的塑料薄膜围台育，且电力紧张地区不宜使用。

(4) 沼气灯（炉）。由控温仪、电磁阀、沼气灯（炉）组成，利用双气路结构（主气路为加温，副气路为长明火种）实现自动控制加温。此形式温度显示直观，操作简单易学，升温快而稳定，节能节本明显。即使停电，仍可通过手动控制加温，但必须有人员看护，以防室温过高。同时，要严防因长明火种意外熄灭导致沼气泄漏，影响家蚕的生长发育。

49. 采用木屑桶加温时怎样操作？

（1）木屑桶制作。取高 80 厘米、直径 50 厘米左右旧油桶一只，将上盖板拆下，在桶身近底部开一个 15 厘米×15 厘米左右的炉门，切下的铁板用作炉门插板（与煤饼炉门相似），桶身上部开一个直径 9 厘米左右的出烟口（也可开在盖板上）。用铁皮管作烟道，长度根据实际需要而定。为方便移动，可在油桶中上部两侧各焊一个把手。

（2）木屑桶使用。

①填装木屑：在油桶炉门内用三块红砖搭成进风口，中间竖一根直径约 5 厘米的圆木棒，然后开始填装木屑，边装边用脚踏实，木屑加至桶的 3/4 处即可，然后慢慢抽出圆木棒，形成燃烧通道。

②密封油桶：木屑填装好后，将拆下的盖板盖上，安装好通向室外的铁皮管道，用黏土或石灰封住所有缝隙，以防烟气泄漏于蚕室内。

③点燃木屑：用适量干柴草或木刨花等从炉门口送入到红砖架成的空洞处点燃，逐渐引燃木屑。

④温湿度调节：利用木屑燃烧使铁皮管和油桶壁放出的热量实现蚕室加温，并通过开启炉门大小控制木屑燃烧来调节温度。同时，在桶盖上放置适量干净细沙，加水后可以补湿。

（3）注意事项。①所用油桶桶体必须完整无破损，在制作时用柴油或木柴燃烧处理，以除去桶壁上的残留物，确保对家蚕无毒；②木屑一定要装实，不然会缩短燃烧时间；③铁皮管室外端必须加装防风帽，以防烟气倒灌；④油桶底下要垫上砖块，以免水泥地面烧裂。

50. 小蚕共育有什么好处？有哪些主要形式？

小蚕期对温度、桑叶等要求较高，饲养技术难度较大。如单家独户饲养小蚕，由于受技术、加温及房屋设施等条件的制约，部分农户很难达到小蚕期饲养的各项技术要求，容易给大蚕饲养带来各种问题。小蚕共育就是以村、组、联户或小蚕承包户为单位，将相关农户的蚕种集中于一室进行补催青和收蚁饲养，一般饲养至2龄或3龄眠中，再分散到各户饲养。其好处：一是可以解决缺技术、缺设备农户小蚕饲养难的问题；二是小蚕共育室加温设施良好，不仅对人、蚕的安全性较高，而且有利于小蚕期发育匀整、健壮，确保饲养头数，为蚕茧丰产打好基础；三是有利于眠起处理、防病消毒等技术措施的落实到位；四是集中共育管理，可节省各种物材料的消耗，减少劳动用工。目前，农村中常见的小蚕共育形式主要有以下3种。

（1）小蚕饲养公司。一般以村为单位组织，利用原集体共育室和蚕具，抽调经验丰富的人员进行饲养。农户按蚕种多少提供木柴等加温燃料，每天按采叶标准提供桑叶。饲养至2龄或3龄眠中，经抽签后分散到各农户饲养。农户按蚕种张数支付一定费用，作为饲养人员工资和公司收入。此形式一般规模较大，由于受房屋等因素的制约，所以目前农村中比较少见。

（2）小蚕承包户。由建有加温等设施较全的专用小蚕室、并具有小蚕饲养经验的农户，为周边农户提供小蚕饲养服务。各农户一次性提供加温燃料、每天提供符合要求的桑叶，并按蚕种张数支付给承包户一定费用。一般饲养至2龄或3龄眠中，农户经抽签后拿回家中饲养。承包户根据蚕种数量雇用临时工，一般按小时支付工资。目前，农村中这一形式比较多，承包户也有较好的经济效益。

（3）联户共育。一般由自然村中的农户自愿组成，集中饲养在加温设施等条件较好的农户家里，至2龄或3龄眠中再分散到各农户饲养。参加共育各户提供燃料、蚕具、桑叶等，由技术水平较好的人负责，其他人员协助，所需费用最后分摊。也有共育不共蚕的形式，俗称“蒸饭制”，即联户共育时，从收蚁开始给桑、除沙等饲养技术操作各户管各自的蚕种，仅在饲育温湿度上由所在农户统一管理，共育期间涉及的燃料费、电费等相关费用按蚕种量分摊。

51. 什么是补催青？如何做好补催青工作？

养蚕农户在领到蚕种后至收蚁饲养一般还需经过1～2天时间，补催青就是指经过催青的蚕种进入蚕室后，在适宜的温湿度环境中遮光保护，直至蚁蚕孵化的过程。科学合理的补催青，不仅可提高蚕种一日孵化率，确保饲养头数，而且有利于蚁体的强健和张产的提高。补催青重点要做好以下3项工作。

（1）蚕种进室当天，应事先对门窗进行遮光处理，以保持室内黑暗；用红纸包裹电灯，为避免红纸着火，电灯以40瓦以下为宜；将室内温度升至25.0℃左右。

（2）蚕种进室后应按不同的收蚁方法立即摊种，摊种时动作要轻快，粒粒铺平，分布均匀，即做到平、快、匀。然后将蚕种置于完全黑暗中保护。采用打孔保鲜膜覆盖两回育的可将蚕种直接摊在保鲜膜上，但摊种蚕匾和压卵网绝对不能喷水补湿，否则极易因湿度过高而导致蚕种不孵化。

（3）补催青温度应根据催青室提供的胚胎发育快慢而定，发育偏快的可略低，反之则略高。一般掌握在温度25.5～26.0℃、干湿差1.0～1.5℃。此外，要注意加温器具应与蚕具保持一定的距离，以防发生火灾等意外事故。

52. 常用的收蚁方法有哪几种？

收蚁方法总的要求是简单易行，不伤及蚁体和未孵化的蚕种。目前，生产上常用的散卵收蚁法主要有以下4种。

（1）网收法。是目前农村中比较普及的一种收蚁方法。感光时先在原压卵网上再加覆一只收蚁网，待孵化出的蚁蚕爬上收蚁网后进行蚁体消毒，然后撒上小方块桑叶收蚁。约经15分钟左右提取收蚁网，放入另一只垫好打孔保鲜膜或防干纸的蚕匾里，即可定座给第1次桑叶。如发现蚕种一日孵化率不高时，为避免未孵化蚕种接触消毒药粉，应先将收蚁网提取放入另一蚕匾内，然后消毒给桑。并对未孵化的蚕种继续遮光保护，次日再收。

（2）打孔薄膜网收蚁法。是近年来新推出的一种利用打孔薄膜替代传统收蚁网收蚁的形式，使用方法与网收法相同（详见第56问）。

（3）纸包法。先在蚕匾内铺上一张40厘米×50厘米左右的平整红纸，然后将蚕种摊在红纸上，盖上一张规格与红纸一致的棉纸，两纸对齐，四周折好，露出中间摊种部分以利感光。收蚁当天感光后，待蚁蚕全部附着于棉纸上时打开纸包，将棉纸翻转平铺在蚕匾里，即可消毒、给桑。

（4）棉纸引收法。感光时在压卵网上覆盖两张棉纸，撒上桑叶，待蚁蚕全部附着于下层棉纸上时，去掉上层棉纸和桑叶，将附有蚁蚕的棉纸翻转向上平铺于蚕匾里，然后消毒、给桑。生产上如要获得收蚁量数据，可事先称好下层棉纸重量，记载在纸角上，收蚁时将蚁蚕和棉纸再一起称重即可。

53. 如何做好收蚁工作？

将孵化出来的蚁蚕用适当的方法收集到蚕座里开始给桑饲养的操作过程称为收蚁。收蚁是养蚕工作的开始，由于时间短、程序多、要求严，因此必须做好以下工作。

（1）准备好蚕筷、鹅毛、收蚁纸、收蚁网和消毒药剂等收蚁物品。

（2）选采好收蚁及当日用桑叶，以叶色黄中带绿、叶面略皱者为宜。一般春蚕采新梢上第2叶（最大叶上一叶）；夏蚕采春伐桑第2～3叶，或夏伐桑枝条下部叶；秋蚕采枝条顶端第2～3叶。

（3）清晨5时左右揭去覆盖的遮光物，打开电灯使蚕种感光，要求光线均匀充足，以促使蚕种孵化。

（4）感光2～3小时后蚕种孵化，刚孵出的蚁蚕不活泼，当绝大多数蚁蚕开始爬动觅食时为收蚁适期，收蚁过早或过迟均对蚁体和后期饲养有不利影响，一般以早晨7时前后收蚁为宜。收蚁时可将温度控制在24.0℃左右，待收蚁结束后再逐渐升至目的温度。

54. 怎样制作打孔薄膜收蚁网?

选用厚度为0.03毫米聚乙烯塑料薄膜，裁剪成40厘米×40厘米左右常规收蚁网大小，20张左右为一叠，叠放整齐。上盖下垫硬纸板（预先在上盖的硬纸板上划好方格，以利冲孔时排列整齐均匀），用4只铁钉将其固定在硬质塑料板上（硬质塑料板有利于冲孔边缘光滑）。然后用直径为0.2厘米的皮带冲交叉冲出小孔，孔距0.5厘米左右，每排冲孔70个左右，四周留边约2厘米。

55. 打孔薄膜网收蚁有哪些优点?

一般收蚁网的材料为丙纶（蚊帐纱）或棉纱，在除去收蚁网时蚁蚕与网分离较难，操作时容易损伤蚁体，且工效不高。而薄膜收蚁网具有以下优点。

（1）网面光滑，有利蚁蚕与网分离，减轻蚁体损伤。

（2）能提前除网，有利扩座匀座。用常规收蚁网要等到第2次给桑后，蔟沙达到一定厚度时才能除去收蚁网。而用打孔薄膜网收蚁，落叶收蚁后1小时左右就可除网定座，便于匀座，符合小蚕两回育超前扩座的饲育要求。

（3）收蚁方便，省工省力，能明显提高工效。

（4）制作简单，成本低廉。

56. 使用打孔薄膜网收蚁应掌握哪些要点？

（1）为有利于孵化的蚁蚕一次收尽，薄膜收蚁网的尺寸应略大于压卵网。使用前必须进行清洗消毒，并保持网面平整。

（2）收蚁当天感光时将薄膜网放在压卵网上面，待蚁蚕爬到薄膜网上后，进行蚁体消毒，落叶收蚁，经过1小时左右即可除网、定座、给第1次桑。

（3）由于薄膜冲孔后一面光滑一面较毛糙，所以收蚁时应将光滑面向上，以减少除网时蚁蚕与网的粘连。

（4）薄膜收蚁网不能代替压卵网，压卵网宜选用常规网，两者组合使用效果较好。

57. 遇到蚕种孵化不齐时怎样处理？

蚕种盒间胚胎发育不一、发种时转青尚未齐一、发种后遇到低温和补催青期间处理不当等因素均可造成蚕种孵化不齐。遇到蚕种孵化不齐时，应及时根据收蚁当天蚁蚕孵化量的多少分别进行处理。如感光2～3小时后蚁蚕孵化量很少，则停止收蚁，重新遮光后继续进行补催青，推迟到下一天再收蚁。如感光后发现一日孵化率不高，则应先对已孵化的蚁蚕进行收蚁处理，收蚁网移出后再进行蚁体消毒，然后对尚未孵化的蚕种继续遮光补催青，下一天再收蚁。如已进行蚁体消毒，则应筛去蚕卵中混有的消毒药粉再补催青，以免影响蚕种孵化。

58. 哪些因素可能导致蚕种孵化率低甚至不孵化？

经过催青且正常转青的蚕种收蚁时孵化率低甚至不孵化，主要是发种后至补催青期间某一环节处理不当所致，主要有以下5方面的原因。

（1）发种后在装运过程中，蚕种堆积、包装不透气、阳光曝晒、温度过高、接触有毒有害气体等。

（2）运种工具或收蚁纸、收蚁网等受到农药及其他有害物质的污染。

（3）摊卵蚕匾、压卵网等过于潮湿，特别是蚕卵摊在打孔保鲜膜上的更易发生。

（4）补催青时采用顶头火缸加温，或将蚕种放在其他一些不合要求的地方进行补催青。

（5）补催青环境相对湿度低、过于干燥，蚕种严重失水。

59. 小蚕期有哪些生理特点？

（1）小蚕对高温高湿环境适应性强。由于小蚕单位体重的体表面积大，气门相对体躯的比例也大，皮肤蜡质层薄，所以体温调节和水分散发相对容易，耐高温高湿能力较强。在小蚕生理范围内适宜高温高湿环境饲养。

（2）小蚕生长发育快，对叶质要求高。小蚕单位时间内的成长率远比大蚕高，其体重增加倍数逐龄减小，其中1龄期生长最快，增加12～16倍；2龄增加8倍；3龄增加5～6倍。所以，一方面必须选采叶质优良、成熟度一致的适熟叶，以满足其生长发育所需的营养；另一方面应及时做好扩座匀座工作，以防因饲养过密而导致食桑不足。

（3）小蚕对病原微生物及有害物质的抵抗力弱。小蚕抵抗病原微生物的能力弱，且高温高湿的饲养环境有利于病原菌繁殖，所以更容易感染发病。同时，小蚕对有害物质的抵抗力也很弱，即使少量食下或接触也会引起中毒甚至死亡。

（4）小蚕体躯小、呼吸量少、气体交换容易，因而对二氧化碳的抵抗力较强，饲养中只需适当注意换气即可。但各种不良气体（如一氧化碳、二氧化硫、氨气等）和农药容易通过气门、皮肤、食下等途径进入蚕体。

（5）小蚕就眠快，眠期短，移动距离和对桑叶的感知距离均较小，并具有趋光、趋密性强等特性，所以给桑要力求均匀，以便小蚕取食，同时要保持室内光线均匀。

60. 如何加强疏毛期的管理？

所谓疏毛期是指收蚁后24小时内蚁蚕全身刚毛脱落的时期。

（1）疏毛期的生理特点。生长发育最快，一天内体重增加5倍以上；蚕体含水率变化大，初孵化的蚁蚕为76%，随着桑叶的摄入，疏毛期后增加到86%；对病原微生物抵抗力最弱；管理不到位容易产生伏䗲蚕，增加遗失蚕。

（2）疏毛期管理要点。一是用叶须掌握适熟偏嫩，不用虫口叶、虫粪叶、干瘪叶、煤灰叶和过老过嫩叶等；二是要选用防病一号等蚕体消毒剂，在给桑收蚁前将其均匀撒于蚕座，用量以薄霜一层为宜，不宜过多；三是严格按照标准温湿度饲养，使蚁蚕行动活泼，以减少伏䗲蚕的发生。

61. 什么是打孔保鲜膜？有什么优点？

打孔保鲜膜采用无毒聚乙烯塑料薄膜制成，厚度0.03～0.04毫米，孔径0.5～0.7毫米，打孔密度4～5厘米^2（即孔距2厘米左右）。其规格用于圆匾为120厘米×120厘米、方匾为90厘米×110厘米。一般有厂家专门生产，也可自己制作。每张蚕种需准备6张打孔保鲜膜。

采用打孔保鲜膜小蚕两回育饲养具有以下优点。

（1）符合小蚕期适宜高温高湿环境饲养的要求。

（2）方法科学，操作简便，蚕农容易掌握。每天2次给桑时间的合理安排，不仅可使蚕农实现务工、养蚕两不误，而且夜间不用进行给桑等操作，能有效提高养蚕的劳动生产力和舒适度。

（3）采用打孔保鲜膜覆盖饲养能明显延长桑叶保鲜时间，减少桑叶浪费，提高食下率，有利于小蚕期饱食强健，为大蚕期饲养打好基础。

(4) 打孔保鲜膜只要妥善保管，就可重复使用多年，成本低廉。

62. 打孔保鲜膜覆盖小蚕两回育的饲养技术要点有哪些？

打孔保鲜膜覆盖小蚕两回育必须按照相关技术要求操作（参见附录 3 和附录 5），才能达到既省工、节本，又能稳定提高张种产茧量的目的。

(1) 为了确保蚕座安全和加温均匀，必须采用暗火加温，严禁用“顶头火缸”。

(2) 打孔保鲜膜 1～2 龄上盖下垫，四周折好；3 龄只盖不垫；各龄眠中不盖；给桑前半小时揭膜换气。3 龄期如遇高温高湿天气，应适当延长揭膜换气时间或不盖打孔保鲜膜。

(3) 用叶要求。1 龄适熟略偏嫩，2～3 龄适熟，并确保桑叶新鲜。

(4) 由于每天 2 次给桑间隔时间长，所以必须做到超前扩座。要求每次给桑前都要进行扩座、匀座，以保持蚕座内的蚕分布均匀。一般 1～3 龄每张蚕种蚕座最大面积应分别掌握在 0.7 米^2、1.7 米^2、5.2 米^2 左右。

(5) 做到定时定量给桑。小蚕期给桑量不在多而在匀，给桑量过多易增加遗失蚕。每次给桑量应按技术参考表和实际食桑情况灵活调整，残桑过多时，适当减少，过早吃完时，适当增加。张种卵量 28 000 粒左右、蚕种一日孵化率达 95%以上时，张种各龄用桑量春期：1 龄约 1.0 千克、2 龄约 4.0 千克、3 龄约 20.0 千克；夏秋期：1 龄约 1.0 千克、2 龄约 4.0 千克、3 龄约 16.0 千克。如张种卵量增加，则各龄用桑量应同比例调整。

(6) 采用打孔保鲜膜养蚕，蚕座湿度较大，所以必须重视防病消毒工作。要求各龄饷食前用防病一号消毒，以后每次给桑前撒新鲜石灰粉，以干燥蚕座，隔离残桑，杀灭病原微生物。

63. 什么是适熟叶?

所谓适熟叶是指理化性质与各龄蚕相适应的桑叶，一般特指小蚕期桑叶，即桑叶的营养物质能够满足小蚕期各阶段正常生长发育所需，桑叶的软硬、厚薄程度适合小蚕食下。因各龄蚕的营养要求和桑叶的适口性不一，桑叶过老或过嫩都会影响家蚕的食下量、消化量和消化率，所以各龄适熟叶有不同的标准。3龄以后用桑量大，家蚕适应性强，成熟桑叶均适用。

64. 怎样生物鉴定1龄期适熟叶?

1龄蚕对桑叶的嫩度最为敏感。要掌握所采桑叶是否适熟，可用生物鉴定的办法来辨别。即在收蚁给桑1～2次后，取出家蚕咬食过的桑叶进行透视观察。如桑叶全部被咬穿，则表明桑叶太嫩；只吃去叶肉而没有被咬穿，表明桑叶太老；大部分桑叶被咬穿，少部分桑叶只吃去叶肉，即为适熟。采用这一办法，可及时调整采叶叶位，确保用叶质量。

65. 优质桑叶应具备什么条件?

所谓优质桑叶应满足以下3方面的条件：一是新鲜，即使原来品质再好的桑叶，如果不能以新鲜状态出现在蚕座上，也不能算良桑。虽然从理论上说桑叶不经贮藏直接喂蚕最好，但在实际生产中受天气、劳力等因素的制约，桑叶必然有一个采摘、运输和贮藏的过程。因此，必须做好桑叶从采摘到给桑期间的保鲜工作。二是适熟，由于各龄蚕对桑叶的嫩度要求不同，过老或过嫩都将影响家蚕的整齐度、健康度和最终的饲养成绩。因此，根据家蚕不同发育阶段选采适熟叶至关重要，而能否采到合适的适熟桑叶与桑园肥培管理等因素密切相关。三是清洁，就是要尽量使桑叶不受虫害危害和有毒有害物质污染，减少虫口叶、虫粪叶，避免工业“三废”和农药等污染。

66. 哪些桑叶对家蚕生长发育有害?

生产上对家蚕生长发育有害的桑叶统称为不良桑叶，即无论在物理性质上，还是化学性质上，对家蚕营养生理均不适应的桑叶。主要有以下5类。

(1) 未成熟叶和日照不足叶。未成熟叶就是新梢顶端尚未成熟的嫩叶，水分多、干物质少、营养差，且容易凋萎。日照不足叶是由于连续阴雨无光照，或栽植密度高、遮阴等造成，导致桑叶光合作用减弱，蛋白质和碳水化合物含量显著下降。使用这两类含水率高、营养成分差的桑叶养蚕，往往会造成家蚕营养不良、体质虚弱、减蚕率增加，且极易诱发病毒病。

(2) 过老叶和旱害叶。桑叶含水率在70%以下，手捏桑叶能碎的为过老叶；旱害叶主要是久旱无雨造成的。这两类桑叶一般秋期比较常见，因含水率低、蛋白质含量少、纤维素含量多而导致家蚕食下量、食下率降低，妨碍蚕体生理，影响家蚕体质，容易诱发蚕病。

(3) 凋萎叶和蒸热叶。凋萎叶即干瘪叶，是由于桑叶采下后运输、贮存不当，导致桑叶水分散失所致，用于养蚕影响蚕的食下量和体质。蒸热叶是桑叶运输或贮存过程中，因堆积过多、时间过长、局部温度升高所造成的。桑叶长时间堆积后温度升高，使桑叶呼吸作用增强而消耗叶内更多的营养，并会产生微弱的发酵作用，破坏叶质，滋生细菌。所以，这种桑叶用于养蚕不仅使家蚕得不到充足的营养，而且容易发生细菌性肠道病。

(4) 虫口叶和虫粪叶等。虫口叶就是害虫吃过的桑叶；虫粪叶就是被害虫粪便污染的桑叶。这两类桑叶虽然对叶质影响不是很大，但由于许多害虫病原与家蚕存在交叉传染，所以容易使家蚕感染发病。另外，受桑蓟马、桑粉虱、红蜘蛛等微型昆虫和桑赤锈病等病害危害的桑叶，虽不存在病原的交叉传染，但叶质已被严重破坏，将其用于养蚕可影响家蚕的正常生长发育。

（5）泥叶和各种污染叶。无干密植桑园枝条下部和公路两旁桑园黏附尘土的泥叶，工厂附近桑园的煤灰叶、粉尘叶，受桑园及毗邻农作物治虫造成的农药污染叶等，均对家蚕的生长发育有害，饲养期间不能直接使用。其中，泥叶可用清洁水清洗、晾干后喂蚕；煤灰叶、粉尘叶尽量不用，如需使用，应先用清洁水漂洗，再用2%～3%石灰浆浸洗，晾干后喂蚕，可减轻对家蚕的危害程度；农药污染叶必须做到先试后吃，确认对家蚕无毒后再大量使用。

67. 怎样采摘小蚕期桑叶？

小蚕用叶虽然数量较少，但要求很高，必须根据不同蚕品种和家蚕各个生长发育阶段来确定适熟叶的标准，要认真选采好每一片桑叶，以使小蚕健康生长发育。

（1）采叶时间。一般安排在早上和傍晚。早晨采叶要在露干雾散后进行，所采桑叶用于白天各次给桑；傍晚采叶应在太阳西下后进行，所采桑叶用于夜间给桑。春期应傍晚多采；夏秋期或晴热天应早晨多采。眠前应适当控制采叶量，以防浪费桑叶或饷食时吃瘪叶。

（2）采叶标准。根据叶色、叶位、柔软度等确定各龄蚕用叶标准。采叶时做到桑品种、叶色、叶位、手感基本一致，不采各种不良桑叶。一般1龄期选采最大叶上1叶，叶色绿中带黄；2龄期选采最大叶或下1、2叶，叶色正绿色；3龄期采三眼叶，氟污染较重地区应采枝条上部最大叶下2、3叶，叶色浓绿色。在同一龄期中要掌握饷食、将眠期采适熟略偏嫩桑叶；盛食期采适熟略偏老桑叶。

68. 桑叶贮藏环境有哪些基本要求？

在实际生产中，桑叶不可能随采随用，必须有一个贮藏过程。为使桑叶在贮藏期间尽量保持叶质新鲜不变质，减少桑叶内营养物质消耗，贮桑环境应具备下列条件。

（1）清洁。贮桑室及用具事先必须经过清洗消毒，饲养期间应利用各龄眠中不贮桑的空隙期消毒1次。

（2）低温。贮桑环境温度低有利于降低桑叶的呼吸作用，延长贮藏时间。因此，桑叶应贮藏在北向、无阳光直射、温度较低的地方，有条件的农户最好建造半地下贮桑室。

（3）高湿。高湿环境贮桑可减少桑叶水分散发，有利于桑叶保鲜，但不宜将水直接喷洒在桑叶上。

（4）气流小。由于气流会带走空气中的水分，降低环境相对湿度，从而导致桑叶失水干瘪，所以贮桑室要避免较强气流直吹。

69. 小蚕用叶有哪几种贮藏方法？

（1）缸贮法。适用于用叶量少的1、2龄。用一只清洁水缸，先在缸底盛放清水，离水面5厘米左右放一层竹垫，中央竖放气笼，将桑叶抖松贮放在气笼四周。最好事先把桑叶理齐叠好，叶柄向下，在竹垫上沿缸盘放，这样贮放时间长、数量多，而且桑叶新鲜、不易发热。然后在缸口盖上湿布，以保持缸内较高的湿度，缸内的清水要每天更换。

（2）沙贮法。又称活叶贮桑法，适用于用叶量少的1、2龄。先在贮桑室内用砖块堆栏一个高20～30厘米的长方形池，面积大小可根据蚕种饲养量多少确定。池底及四周用一张无破损塑料薄膜围垫，上铺3厘米左右的清洁沙子，再在沙子上盖一层清洁纱布，并灌水至纱布湿润，即可贮桑。贮桑时先将桑叶理齐叠好，叶柄朝下竖放在纱布上，最后在池上盖湿布或塑料薄膜保湿，池内清水要每天更换。

（3）袋贮法。适用于蚕种饲养量少的农户。准备数只清洁无毒塑料袋，将桑叶贮放在袋内，扎紧袋口，放置在贮桑室或阴凉、背光、已消毒的地方即可。每只塑料袋内的贮桑量以袋容量的50%～60%为宜，不能装满。该方法不能久贮，且湿叶不宜采用此方法贮存。

无论哪种贮桑法，一定要做到短贮，一般不宜超过12小时。所以，农户应根据蚕种饲养量和家蚕生长发育进程，控制每次的采叶数量。各龄就眠后应清空余叶，对贮桑室和用具进行清洗消毒。

70. 如何控制小蚕期各龄日眠？

小蚕各龄期中午初见眠蚕，至傍晚眠齐，称为日眠。日眠具有就眠快、齐，操作方便，遗失蚕少等优点。一般春蚕控制10天眠3眠，夏秋蚕控制9天眠3眠。要控制各龄日眠应采取以下技术措施。

（1）控制好饲养温湿度，掌握收蚁、饷食时间。家蚕属于变温动物，在适温范围内，温湿度越高发育越快。根据家蚕这一生理特点和正常生长发育所需温湿度，在按时收蚁的前提下，通过温湿度和饷食时间的调节，达到每眠是日眠的目的（表3-1和表3-2）。

表3-1　春蚕控制日眠温湿参考表

龄期	收蚁或饷食	食桑期			就眠时间	眠中		
		温度（℃）	干湿差（℃）	经过时间（小时）		温度（℃）	干湿差（℃）	经过时间（小时）
1龄	上午7时	28.0	0.5	61	第3天20时	26.0	1.5	21
2龄	第4天17时	27.0	1.0	48	第6天17时	25.0	1.5	26
3龄	第7天19时	25.0	1.0	72	第10天19时	23.5	1.5	34

（2）调节给桑量。家蚕在单位时间内食下量越多，生长发育

越快。当家蚕生长发育偏慢时，可通过多次少给（即增加每天的给桑次数，适当减少每次的给桑量）的办法来提高单位时间内家蚕的食下量，从而加快其发育进度。此法是调节日眠的辅助技术措施之一。

（3）调节用叶嫩度。用适熟偏嫩叶饲养对加快家蚕生长发育进度有一定的作用。当生长发育偏慢时，可适当用适熟偏嫩叶。这也是调节日眠的一种辅助技术手段。

表 3-2 夏秋蚕控制日眠温湿参考表

龄期	收蚁或饷食	食桑期			就眠时间	眠中		
		温度（℃）	干湿差（℃）	经过时间（小时）		温度（℃）	干湿差（℃）	经过时间（小时）
1龄	上午7时	28.0	0.5	58	第3天17时	27.0	1.5	20
2龄	第4天14时	27.0	1.0	48	第6天14时	26.5	1.5	21
3龄	第7天9时	26.5	1.0	58	第9天20时	26.0	1.5	23

71. 怎样做到饱食就眠？

为了使家蚕积累足够的营养物质供眠中消耗，以利于体质强健，必须做到饱食就眠。一方面要在盛食期超前扩座，精选良桑，吃好吃饱；另一方面在将眠前要改用新鲜略偏嫩桑叶，加眠网后不用全叶，改用切碎叶，并且掌握好每次的给桑量。既要防止给桑量过少蚕吃不饱，造成眠中体质下降；又要防止给桑量过多，导致桑叶干瘪、浪费和蚕座蘙沙过厚，不利眠中蚕座干燥，容易滋生病原菌。

72. 眠起处理分哪几个阶段？

眠起处理是整个养蚕过程中一项技术性较强的工作。家蚕在眠中虽不吃不动，但蚕体内却发生了十分复杂的生理变化，且营养消耗较大。所以，如处理不当，不仅会加剧蚕体内营养消耗，削弱体质，而且会带来操作上的麻烦，增加养蚕工作量，严重时会造成不蜕皮蚕、半蜕皮蚕、起缩蚕等后果。眠起处理可分为眠前、眠中和眠后3个阶段。

（1）眠前。指加眠网到提青结束（止桑）这一时间段。主要是确保饱食就眠，做到适时加眠网和分批提青。

（2）眠中。指止桑到蜕皮前这一时间段。主要是掌握好蚕室温湿度，保持眠中安静和蚕座干燥，注意通风换气，确保室内空气新鲜，防止高温闷热危害。

（3）眠后。指初见起蚕到饷食结束这一时间段。主要是注意蚕室温湿度，特别要防止因环境湿度过低而导致发生不蜕皮蚕、半蜕皮蚕等；做好饷食前蚕体消毒工作，做到适时饷食。

73. 小蚕期各龄如何做到适时加眠网？

各龄蚕过了盛食期后，食欲开始减退，体壁紧张，略吐丝缕，这是就眠前兆，俗称催眠。此时应加强观察，做到适时加眠网。如加眠网过早，则蚕座蔟沙过厚，容易潮湿，不利于眠中保护；如加眠网过迟，则眠除时网下有眠蚕，操作麻烦，小蚕期容易增加遗失蚕。所以，适时加眠网有利于饲养操作，做到薄蔟就眠，改善眠中环境条件，保持眠中蚕座清洁干燥。加眠网应根据各龄眠性特点，掌握略早勿迟的原则。一般1龄期蔟沙较薄，可以不加眠网，用扩座松蔟来代替；2龄期在大部分蚕体壁紧张发亮、少数蚕体色转炒米色呈将眠状态，并有蚕驮蚕现象时加眠网；3龄期眠性稍慢，可在大部分蚕体壁紧张发亮、体色转炒米色时加眠网。在标准饲育温度条件下，一般春蚕2龄饷食后约经过36小时加眠网；3龄饷食后约经过58小时加眠网。夏秋蚕2龄饷食后约经过29小时加眠网；3龄饷食后约经过45小时加眠网。加眠网时间除了与饲育温度密切相关外，在实际生产中还与蚕品种性状、用桑适熟度、食下量等因素有很大关系。

74. 怎样做好提青工作?

养蚕生产中所说的“青头”是指就眠明显慢于大批的蚕。其中一部分是群体饲养过程中，因雌雄性别不同、给桑不匀、桑叶老嫩不一等原因自然产生的就眠推迟个体；另一部分是在饲养过程中因感染蚕病或食下、接触有毒物质后生长发育受阻而推迟就眠的弱小个体。所谓提青就是通过加网等技术处理，将上述两类迟眠蚕和正常眠蚕分离开来，从而既可保障大批健康蚕不受或少受病原传染，又能通过提青分批促使群体生长发育整齐。此外，在桑叶紧缺、发生中毒等异常情况下，可通过提青做到分批饲养、分级管理，以确保大批蚕正常上蔟。对于提出来的一些就眠特别迟的病、弱、小蚕，往往是蚕病的传染源，要坚决予以淘汰，这样有利于大批健康的蚕饲养安全。提青要做到适时，一般在加眠网后 10 小时左右进行，过早提青则必然青头蚕多，分批增加；过迟提青则起不到淘汰病、弱蚕的目的。如在饲养过程中因种种原因造成家蚕生长发育和就眠不齐时，必须做好分批提青工作，一般第 1 次提青后间隔 8 小时左右进行第 2 次提青。提青时先在蚕座上撒焦糠或新鲜石灰粉等干燥材料，这样既能降低蚕座湿度，又可防止起蚕偷食残桑后影响群体整齐度；然后加网撒上少量切碎叶，待青头蚕上网后提取放入另一蚕座内即可。

75. 小蚕期各龄眠中保护应注意哪几个方面?

（1）温度。眠中温度要比当龄食桑期温度适当降低，其中春蚕低 2.0℃左右；夏秋蚕低 0.5℃左右，且要严防高温冲击。

（2）湿度。眠中湿度应以干湿差 1.5℃为中心，止桑后至初见起蚕前，为有利于蚕座干燥和残桑干瘪，减少病原微生物繁殖，环境湿度宜偏低；初见起蚕到饷食，为防止半蜕皮蚕和不蜕皮蚕发生，环境湿度应略偏高。

（3）保持安静。眠中要防止震动和强风、强光，不可抽网、剥麸、捉眠头等，以免损伤蚕体，影响家蚕就眠和蜕皮。同时，要注意蚕室的通风换气，严防高温高湿危害。

76. 如何预防半蜕皮或不蜕皮蚕的发生？

半蜕皮或不蜕皮蚕发生有病理性和生理性两大原因。病理性主要是多化性蝇蛆和虱螨寄生、感染真菌或体弱等引起的。生理性主要是操作或管理不当造成的，如眠前操作粗放引起蚕体创伤，蚕体消毒药剂使用过量，眠中震动、抽网、剥麸，见起蚕后环境湿度过低等。

防止半蜕皮或不蜕皮蚕发生，一是要认真做好养蚕前蚕室蚕具的清洗消毒工作，减少病原微生物残留；二是饲养中要加强蚕体蚕座消毒，预防蝇蛆、虱螨寄生和真菌病发生，并严格掌握就眠前防病一号等药剂的用量；三是眠前用叶应适熟偏嫩，做到饱食就眠，保证蚕体内有足够的营养、水分供眠中消耗和蜕皮；四是饲养期间要规范操作，动作要轻，尽量减少蚕体创伤，眠中要保持安静，防止震动，控制合理的环境湿度。

一旦发现因生理性原因出现半蜕皮或不蜕皮蚕时，应及时在蚕座上加潮湿蚕网，这样既可提高环境湿度，又可增加家蚕在爬行时皮肤与蚕网的摩擦力，从而有利于蜕皮。切不可用手剥来帮助家蚕蜕皮，否则蚕体出现创伤后容易引发传染病。

77. 怎样做到适时饷食？

所谓饷食就是指各龄起蚕的第1次给桑。饷食过早，容易伤及起蚕尚嫩的口器，影响以后的食下量和发育整齐度，削弱蚕的体质。饷食过迟则起蚕爬动求食，不但体力消耗大，而且其胸腹足的钩爪相互扒抓容易产生伤口，引发创伤传染，所以必须做到适时饷食。饷食适期主要根据起蚕头部色泽和蚕的求食动态来确定。家蚕蜕皮后，随着时间的推移，头部颜色逐渐由灰白色转变成淡褐色、深褐色。当绝大多数蚕的头部呈淡褐色，头胸昂起、左右摆动，显示求食状态时为饷食适期。饷食用叶要求新鲜、适熟偏嫩，给桑量宜少不宜多，以避免家蚕消化管内新形成的围食膜受损。

78. 为什么饷食前要进行蚕体蚕座消毒？

由于各龄起蚕对病原微生物的抵抗力最弱，是蚕病的易感期，所以饷食前蚕体蚕座消毒是减少饲养过程中蚕病发生的重要措施之一，必须高度重视，认真做好。饷食时先用防病一号等粉状药剂进行蚕体消毒，用药要做到均匀周到，用量以掌握在小蚕期薄霜一层、大蚕期浓霜一层为度。然后给桑，切不可用湿叶。

79. 如何预防三眠蚕或五眠蚕的发生？

家蚕的幼虫期在正常情况下就眠 4 次、经过 5 个龄期。在饲养过程中（主要是小蚕期）一旦环境温湿度、桑叶质量等明显偏离正常范围时，就会改变蚕体内保幼激素或蜕皮激素的正常分泌，最终导致三眠蚕或五眠蚕的发生。三眠蚕主要由于 1～2 龄期用叶过嫩和饲育温湿度偏高（特别是 2 龄期）引起；而五眠蚕主要由于小蚕期用叶过老和饲育温湿度偏低引起。要预防三眠蚕或五眠蚕的发生，关键是抓好小蚕期（特别是 2 龄期）的饲养管理工作，重点是掌握好各龄标准温湿度，选采好各龄适熟叶。

80. 蚕体出现大小不匀的原因有哪些？

一些慢性蚕病和微量农药中毒或氟化物等废气中毒往往可导致蚕体发育大小不匀。在饲养过程中如排除蚕病和中毒因素，造成蚕体大小不匀的原因主要有以下几种。

（1）环境湿度偏低。小蚕期对环境湿度要求高，如环境湿度与目的湿度相差较大时，不仅会导致蚕体水分散失、生长发育受阻，而且桑叶容易干瘪，最终导致蚕体大小不匀。

（2）用叶老嫩不一。小蚕期用叶老嫩不一致，特别是同一次给桑老嫩开差大。

（3）桑叶含水率偏低。蚕体水分主要来源于桑叶，每个生长发育阶段需要不同含水率的桑叶。如果桑叶采下后运输不当，贮桑方法不合理，贮藏时间过长，则会导致桑叶干瘪，使部分蚕食下量和食下率减少。

（4）饷食时间过早。过早饷食会损伤部分蚕的口器，造成这些蚕在以后的饲养中食下量降低，生长发育不良。

（5）蚕体消毒药剂过量。小蚕期蚕体消毒用药只需薄霜一层，如果使用过量或不均匀，会造成部分蚕出现药害，从而影响其正常生长发育。

81. 确保结茧头数有哪些主要技术措施？

有的蚕农在饲养过程中基本没有发生蚕病，千克茧颗数也较少，但蚕茧张产偏低，其原因主要是收蚁及小蚕期（特别是1龄期）遗失蚕多，造成结茧头数减少所致。所以，确保结茧头数是提高张产的重要基础，除了认真做好饲养全过程的防病消毒、减少蚕病发生以外，重点应采取以下技术措施。

（1）认真做好补催青和收蚁工作。要按补催青的技术要求规范操作，促使一日孵化率提高，并重视收蚁环节和疏毛期的管理，尽可能降低减蚕率。

（2）重视温湿度管理。要根据打孔保鲜膜覆盖小蚕两回育的技术要求，严格掌握1～2龄蚕室温湿度，控制好日眠，便于眠起处理，减少遗失蚕。同时，要防止因温度偏低产生伏蔟蚕。

（3）做到薄蔟饲养。饲养过程中蔟沙过厚既不利于防病消毒，又容易产生伏蔟蚕。所以，小蚕期用桑量要严格控制，不宜过多，并且要做到超前扩座，适时加眠网。

（4）加强防病消毒。小蚕期饲养环境温湿度高，容易发生曲霉病，且蚕体细小，发病后混在蔟沙中不易发现。所以，要在认真做好养蚕前蚕室蚕具消毒工作的基础上，重视饲养期间的蚕体蚕座消毒，并从消毒时间、蚕药种类、消毒方法等方面来提高消毒效果，防止用药过量造成药害而增加减蚕率。

82. 大蚕期有哪些生理特点？

（1）对高温高湿抵抗力弱。大蚕与小蚕相反，单位体重体表面积小，体壁蜡质层厚，蚕体水分和热量不易散发，易使体温升高。因此，应严防大蚕期持续饲养在30℃以上的高温和闷热环境中，否则会妨碍家蚕正常的生理活动，导致体质下降而诱发蚕病。

（2）丝腺生长快。大蚕期丝腺生长迅速，特别是5龄第3天后，丝腺生长显著加快，此时应稀放蚕座，做好扩座匀座和桑叶保鲜、补给桑等工作，以利于张产的提高。

（3）呼吸量大，排泄物多，对二氧化碳抵抗力弱。大蚕呼吸量大，在排出大量二氧化碳等不良气体的同时，需要大量氧气。且大蚕期随着给桑量的增加，排泄物增多，从蚕沙中散发出大量水分、二氧化碳和氨气等，易使蚕室内湿度高、空气不新鲜，从而妨碍家蚕呼吸等生理活动，造成蚕体虚弱。因此，大蚕期应开门开窗，加强蚕室通风换气，做到勤除沙，并抓好蚕室及周围环境的清洁卫生和消毒防病工作。

（4）食桑量多。大蚕期用桑量占全龄90％以上，是桑叶、蚕室蚕具和劳力需用量最大的时期，并直接关系到张产的高低。因此，必须准备足够的劳力和蚕室蚕具，做到稀放饱食、用足叶量。

83. 什么是大蚕三回育？

大蚕三回育就是一天定时定量给桑3次的一种养蚕形式，是省力化养蚕技术的重要组成部分。其优点是每天早、中、晚3次给桑时间和给桑量的合理安排，既可确保家蚕不受饥饿，对产茧量无不良影响，又可使饲养人员从事务工或田间劳作，节省养蚕用工。实行大蚕三回育饲养必须按技术要求操作（参见附录4和附录6），并把握以下4方面要点。

（1）按照常规作息时间，为使农户做到务工、养蚕两不误，每天3次的给桑时间分别以早晨5时、中午12时和晚上20时比较适宜。

（2）一天内3次给桑量应逐步递增，即早晨气温相对较低，给桑量略少；下午气温较高，给桑量较多；晚上间隔时间长，给桑量最多。

（3）在高温天气情况下，家蚕生理活动旺盛、食桑加快，如机械地应用三回育，会对家蚕生长发育不利，所以每天应适当增加给桑次数。

（4）常规蚕体蚕座防病消毒、除沙等工作应结合每次给桑时进行。

84. 4龄蚕的生理特点和饲养管理要点有哪些？

（1）生理特点。4龄期是小蚕期向大蚕期的过渡时期，其生理特点介于两者之间。首先在温度适应性上，对高温抵抗力较弱，若连续高温饲养，则会导致龄期缩短，蚕体小、体重轻，特别是眠中遇到高温时，会使5龄期容易诱发传染病；但又不适应低温，若连续低温饲养，则会导致龄期延长，全茧量明显降低，这样不但浪费劳力和桑叶，而且增加减蚕率。其次在抗病能力上，4龄蚕虽比小蚕期要强，但与5龄蚕相比，抗病能力要弱得多，生产上5龄期发病，往往与4龄期防病消毒和管理工作不到位有关。

（2）管理要点。一是要做到适温饲养，调节好室内目的温湿度，并加强蚕室通风换气；二是用叶力求新鲜，做好桑叶的采、运、贮工作；三是在抓好蚕体蚕座消毒的同时，应严格淘汰迟眠蚕、病弱蚕，防止病蚕与健蚕混养而相互传染；四是要重视大眠关，眠中既要防高温闷热，又要防低温高湿。

85. 大蚕期眠起处理应注意哪些方面？

大蚕期只有一次4龄就眠，俗称大眠。大眠的特点是眠性较慢，从见眠蚕到全部就眠时间较长。所以如处理不当，不仅容易造成部分蚕饥饿就眠，有损蚕体健康，或桑叶浪费，蚕座潮湿，而且还会导致老熟不齐，给上蔟带来困难，并影响蚕茧产量和质量。因此，大眠眠起处理至关重要。

首先要抓好眠前处理。一是为使家蚕能充分饱食就眠，将眠期应适当增加给桑次数，并控制每次的给桑量，桑叶要求新鲜并切碎后使用，不用全叶。二是由于大眠就眠较慢，所以加眠网不宜过早，一般以初见眠蚕时加网为宜。三是要适时提青，淘汰迟眠的病、弱小蚕，并通过提青促使各批蚕生长发育整齐，以利于5龄期分批管理和分批上蔟，这也是缓解上蔟时劳动力紧张矛盾、提高茧质的有效措施之一。

其次要重视眠中保护。眠中温度应比食桑中降低1.0℃左右，干湿差前期为3.0℃左右、后期为2.0℃左右，并避免强风和震动，光线应保持均匀偏暗。特别要加强蚕室开门开窗、通风换气，严防高温高湿天气危害。

再次要做到适时饷食。在起蚕头部基本呈淡褐色时饷食，饷食前要先进行蚕体消毒。饷食用叶要新鲜略偏嫩，给桑要均匀，用桑量要控制。一般在饷食后2小时左右给第2次桑。

86. 大蚕期怎样合理安排用桑量？

合理用桑就是要充分利用已有的桑叶，实现张产的最大化。大蚕期是用叶量的高峰期，特别是5龄期食桑量占全龄的85%～90%，是提高张产的关键时期。所以在生产过程中，要考虑气温及后期趋势、品种性状、张种卵量等因素，合理安排逐日用桑量。既要防止前期桑叶浪费，后期桑叶紧缺；又要避免前期不吃饱，后期桑叶吃不了。一般情况下张种用桑量春期多于夏秋期，春用品种多于秋用品种。

进入4龄期后随着蚕座面积的扩大、用桑量的增加，必须使蚕充分饱食，尤其是盛食期。在张种卵量28 000粒左右且收蚁及前期饲养正常的前提下（下同），4龄期张种用桑量应掌握在春期100千克左右、夏秋期75千克左右。

5龄饷食后为确保叶蚕平衡，应及时做好桑园的测产调查，心中有数，以便于用桑量的安排调节。在桑叶充足的情况下，第2天起必须逐步放足面积、用足叶量，劳力充裕时应适当增加给桑次数。一般平均每天张种用桑量掌握在春期100千克左右、夏秋期90千克左右。如桑叶紧张，则盛食期要同样用足叶量，并减少桑叶浪费；后期一方面可采购部分桑叶，另一方面可添食蜕皮激素，以促使蚕提早成熟上蔟。5龄期张种用桑量因龄期经过时间长短不一而开差较大，一般春期饷食后7天上蔟在700千克左右、夏秋期饷食后6天上蔟在550千克左右。

87. 如何做好5龄期的饲养管理工作？

5龄期蚕座面积大、食桑量多、丝腺成长快，是提高蚕茧张产的关键时期，需要充足的桑叶、劳力和相应的蚕室蚕具、贮桑室等。因此，必须切实抓好以下4项工作。

（1）严格防病防毒。5龄期一旦发病或中毒，则损失严重，所以在起蚕饷食前消毒一次后，一般预防性消毒要求抗生素添食和灭蚕蝇体喷（或添食）各2次左右，两种药剂交替使用；每天撒新鲜石灰粉1次，至上蔟前一天停止。消毒时要做到水剂喷足喷匀，粉剂浓霜一层。用水剂喷洒蚕体蚕座或添食，应在相对湿度较低的晴天午后进行，以利于水分蒸发。同时，5龄期要严防发生农药中毒，对毗邻其他农作物或路边等有可能受农药污染的桑叶，一定要做到先试后吃，以免造成中毒。

（2）加强通风换气。5龄蚕对高温高湿的闷热环境抵抗力弱，所以必须高度重视蚕室经常性的通风换气工作。给桑后为防桑叶干瘪，可暂时关闭门窗。食桑过后要及时打开门窗，以使空气对流，并保持气窗常开。

（3）防止高温危害。5 龄期遇到高温天气（主要是夏蚕、早秋蚕和中秋蚕期），往往会造成龄期缩短，食桑减少，蚕体虚弱，甚至诱发蚕病，影响蚕茧产量和质量。因此，高温季节蚕室的窗户和门前要悬挂草帘等遮阳物，以降低室内温度；要稀放、低放蚕座或采用地蚕育，加强蚕室通风换气，适当增加给桑次数，使蚕充分饱食，增强蚕的体质和抗逆力。如高温干燥，则可在午后给桑时结合抗生素或灭蚕蝇等添食，以补充蚕体水分，延长桑叶保鲜时间；如高温高湿，则必须做到开门开窗、通风排湿，并撒新鲜石灰粉来消毒吸湿。

（4）做到稀放饱食。饷食后第 1 天，为保护蚕的口器和围食膜，应选采枝条中上部适熟偏嫩的桑叶，并适当控制给桑量。第 2 天起蚕逐渐进入盛食期后，首先要做到超前扩座，到第 3 天放至最大蚕座面积；其次要适当增加给桑次数，用足叶量，使蚕充分饱食，以利于丝腺生长、蚕体强健和提高张产。

88. 大蚕期桑叶贮藏方法有哪几种？

大蚕期用叶量大，在生产过程中，由于受采叶时间、天气、劳力等因素的限制，不可能随用随采，必须有一个短期贮桑过程，所以须配备专用贮桑室。桑叶贮存总的要求是：方法科学合理，防止干瘪蒸热，保持清洁新鲜，减少营养消耗，确保上面勿瘪、中间勿热、下面勿湿。生产上大蚕期常用的贮桑方法有以下两种。

（1）畦贮法。适用于三眼叶或片叶的贮存。先将桑叶抖松，然后堆成高、宽各约 0.7 米的畦，两畦之间应留走道以便于操作。畦的长短可根据贮桑室的大小及贮桑量的多少决定，畦的方向应考虑桑叶进出方便。

（2）竖立法。适用于新梢叶或条桑的贮存。将桑叶解捆放松后，沿墙壁依次竖立放置，不宜贴得过紧，以防蒸热。用此方法贮桑，桑叶不易发热和干瘪，但叶内部分营养物质会转移到枝条中去，从而降低桑叶的营养价值，所以不宜久贮。

89. 大蚕有哪些饲养形式？

大蚕期饲养面积大，各地蚕农根据养蚕习惯和当地的资源等情况，采用不同的饲养形式。目前，农村中使用比较普遍的有蚕匾育、蚕台育、地蚕育等。近年来，蚕桑技术部门从提高房屋利用率和解决规模养蚕大户设施不足等方面出发，开发出地蚕立体条桑育和室外大棚育等新型大蚕饲养形式，并开始在部分地区推广应用。

90. 蚕匾育的方法和注意要点有哪些？

蚕匾育是用方匾或圆匾插放在梯形架或三脚蚕架上的一种多层养蚕形式。一般为8～10层，各层间隔20厘米左右，最上一层高度以方便人员操作为宜，最下一层与地面距离约40厘米。此形式能充分利用蚕室空间，也较利于隔离防病。但蚕匾和梯形架等投资较大，需经常除沙，饲养管理较费劳力。

蚕匾育每张蚕种需备圆匾28只或方匾35只左右。饲养过程中应注意梯形架或三脚蚕架放置时要与墙壁留有一定的距离；秋期高温时蚕匾最好隔层插放，以利于空气流通；上层匾和下层匾要经常调换位置，以利于感温均匀、发育整齐；同时，要做到勤除沙。

91. 蚕台育的方法和注意要点有哪些？

蚕台育一般采用竹木搭成2～4层，既可搭成固定式，也可用绳索挂于屋顶、配合活扣搭成升降式（又称活动式）蚕台，用芦帘、编织布或尼龙网等作养蚕台面，每张蚕种所需蚕台面积不少于 35 米^2。由于搭建蚕台的材料可因地制宜，就地取材，因陋就简，所以能节省投资。同时，蚕台育能有效提高蚕室空间利用率，与蚕匾育相比，除沙次数可相对减少，给桑等操作简便省力。但一旦上层蚕发病，带有病原体的蚕粪等容易污染下层，所以隔离防病不及蚕匾育。

搭建升降式蚕台时，代替直立柱架的绳索要求粗而牢固，以防养蚕后因难以承受重量而下滑或磨断，且升降时动作要轻，速度要缓慢，以防侧翻。同时，为减轻蚕台重量，需定期除沙。

92. 地蚕育的方法和注意要点有哪些？

地蚕育是直接在室内地面上养蚕的一种饲养形式。在家蚕落地饲养前，应先在地面上撒一层新鲜石灰粉，再根据蚕座面积大小，铺一层无毒稻草等材料与地面隔离，然后养蚕，每张蚕种饲养面积不少于 35 米^2。这种饲养形式不需要添置大量养蚕用具，饲养期间不用除沙，适宜条桑饲养，所以可节省投资和劳力，降低劳动强度。目前，农村中蚕种饲养量多的农户大多采用这一形式，但房屋利用率低。

地蚕育因地面温度较低，一般比蚕匾育、蚕台育饲养的家蚕生长发育偏慢，如遇天气低温高湿，则容易造成蚕座冷湿。此外，采用地蚕育时要防止蚂蚁、蟾蜍、老鼠等天敌危害。

93. 怎样进行立体条桑育？

立体条桑育就是将带叶桑条斜放在立体架两侧养蚕的一种大蚕饲养形式。其优点是就地取材，制作简单；能有效扩大单位蚕室内的蚕座面积，提高蚕室利用率；饲养期间不用除沙，可减少养蚕用工；条桑饲育桑叶失水慢、保鲜时间长、利用率高；同时，蚕座通气性好于平面条桑育，符合大蚕的生理特点。

（1）制作方法。一般用两根长 70 厘米、一根长 50 厘米能承受养蚕重量的木条，制成一个顶角为 105°左右的三脚架，三脚架两斜边木条和腰间木条分别伸出5厘米左右。然后将三根竹竿分别搁在两个三脚架（跨度较大时中间加放一个三脚架）顶端和两腰露出的木条上，扎紧固定即成立体养蚕架，并根据蚕室布局灵活放置。有条件的可在两侧斜面覆盖塑料网或铁丝网。也可利用房屋四周的墙壁，剪取条桑斜靠在墙上，顶端与墙成35°左右，形成斜面蚕台。

（2）饲育要点。一般5龄第2天开始进行立体条桑育，也可5龄饷食后第2次给桑后移入立体架。移入前先将条桑均匀放在蚕座上，待蚕基本爬上桑条后，再将桑条轻轻拿起，剪口向下依次均匀地排放在立体架两侧。不用塑料网或铁丝网时，为减少刚上架时的落地蚕，应稍密排放，也可在移入前先薄放一层桑条。以后给桑时要将桑条头尾相互颠倒直接搁放在立体架两侧，每天2次。春蚕期取新梢，中晚秋蚕取枝条上部。消毒防病方法与其他饲养形式相同。

（3）上蔟要点。上蔟前改用三眼叶或片叶平整斜面蚕座，以防熟蚕在桑条间隙内结茧。立体条桑育也可采用自动上蔟，如用方格蔟可将蔟片平放在斜面蚕座上，待熟蚕爬上后提起搁挂；如用蜈蚣蔟的可直接在两侧斜面呈S形上下环放。采用其他蔟具的，则需捉蚕上蔟。

（4）注意要点。一是第1次给桑应尽量选用粗、硬、叶多的枝条，以确保斜面不下塌。二是中晚秋蚕条桑育时，要按冬季常规剪梢后留条高度剪伐，这样既可节省采叶时间，又可代替冬季剪梢，一举两得。但为防止冬芽秋发，剪口下部必须保留3～4片桑叶，直至自然脱落；也可保留剪口下部所有桑叶，至上蔟前需使用片叶时，在保留3～4片桑叶的前提下，由下而上采摘。

94. 室外养蚕大棚有哪些主要形式？

室外大棚养蚕适合于蚕种饲养量多而房屋面积不足的蚕桑规模大户。一般固定式大棚搭建在地势平坦、干燥、排水畅通、远离其他农作物的桑园附近，并接通水、电。大棚形式可根据养蚕规模、当地的气候条件、地理环境、大棚综合利用和投资能力等因素综合分析后确定。目前，常见的有钢管塑料大棚、毛竹稻草大棚和靠壁简易大棚3种。

(1) 钢管塑料大棚。以直径25毫米、壁厚1.5毫米的镀锌钢管为骨架装配成无柱拱棚，大小可根据棚址和蚕种饲养量而定，一般为（20～25）米×（7～8）米，棚顶覆盖0.1毫米厚的塑料薄膜。两侧薄膜不能固定，以便养蚕时卷起通风换气，并加装隔离网，防止天敌危害；棚上用1～2层遮光率为75%的遮阳网架空作隔热层；四周开挖排水沟。钢管塑料大棚结构统一，外形美观，用途广泛，冬季可种植反季节蔬菜等作物来提高大棚利用率。但一次性投入较大，隔热效果差，昼夜温差较大。

(2) 毛竹稻草大棚。主体框架用毛竹搭建而成，棚顶铺芦帘，再用灯箱布或油毛毡等作防水层，上覆一层厚稻草；四周下部用石棉瓦或砌砖墙，并加装铁丝网的通风口，上部用草帘或灯箱布做成活动墙裙；大棚周围开挖排水沟。毛竹稻草大棚隔热性能好，不养蚕时可饲养家禽或培育食用菌等，投资小于钢管塑料大棚。但搭建需专业人员，比较费工，且不易清洁消毒。

(3) 靠壁简易大棚。往往是蚕种饲养量较多的农户在室内饲养面积略缺时的补充，使用前搭建，养蚕结束后拆除。一般以两层楼房的南墙为依托，搭建在房前场地上，大小可根据场地及蚕种饲养量而定。搭建材料就地取材，可以用毛竹、木材、钢管等材料作为棚架，棚顶及四周用防水油布等覆盖围住，上覆1～2层遮光率为75%的遮阳网作隔热层。此类大棚搭建容易，毗邻蚕室，用水、用电及饲养操作方便。

95. 大棚养蚕有哪些优点？

蚕桑产业发展的方向是逐步建立土地流转机制，使有志于从事种桑养蚕的农户实施适度规模经营，以改变长期以来千家万户养蚕数量少、规模小的局面。但实施规模种桑养蚕，蚕室是一个很大的制约因素。而大棚养蚕是解决规模养蚕大户饲养面积不足矛盾的有效措施之一，虽然该技术目前应用面还相当小，但已为养蚕大户所接受，并在实际生产中起到了良好的示范引导作用。其优点有以下几点。

（1）有利发展蚕桑适度规模经营。规模养蚕户如建造专用蚕室，不仅受农村建房政策的限制，而且投资大、全年利用率低。而利用田边地头或宅基空地搭建大棚养蚕，能有效解决这些矛盾，且方法简单、投资较小、蚕农容易接受。

（2）有利于通过复合经营，提高经济效益。由于种桑养蚕季节性强，全年设施利用率低，所以在养蚕大棚的闲置期，可开展多种经营，增加经济收入。

（3）省工节本明显。大棚不仅搭建成本远远低于蚕室建造，而且一般建在桑园附近，桑叶采、运方便，采用地蚕育或蚕台育，可不除沙或少除沙，并实行自动上蔟，能明显减少养蚕用工。

（4）实现人居与养蚕场所分离，提高农民生活质量，符合当前农村环境整治、生态家园建设的要求。

96. 大棚养蚕如何选择合理的饲育形式？

大棚养蚕一般都采用投资低廉的地蚕育或简易蚕台育。不管何种结构的大棚，只要空间允许，均可采用一层地蚕育和1～2层固定式蚕台育的饲养形式。所以，为提高大棚的利用率，应在大棚搭建时从有利于饲养人员操作管理方便等角度出发，根据蚕台的宽度、高度及操作道布局等来合理规划好大棚的大小结构。

97. 如何做好养蚕前大棚的消毒工作？

（1）钢管塑料大棚不养蚕的空闲期一般以种植业为主，所以要求提前做好棚内清理工作，以利于地面干燥，并严防因棚内施用过农药而导致饲养期间家蚕中毒。消毒时应先刮去棚内表土，换上新土后踏实，再用药剂进行全面消毒。

（2）毛竹稻草大棚不养蚕的空闲期大多以养殖业、培育食用菌和仓储为主，由于家禽防病消毒药剂一般对家蚕无害，所以重点要避免存放农药等有毒有害物质。消毒时应先将棚内清理干净，并进行冲洗，然后再用药剂进行全面消毒。

（3）靠壁简易大棚一般搭建在房前水泥场地上，搭棚前应先将水泥地面冲洗干净，搭建完成后再用药物进行棚内消毒。

无论哪种大棚形式，养蚕前的消毒方法都与蚕室消毒相同。家蚕移入大棚饲育前，应先在地面撒上新鲜石灰粉，这样既可干燥地面，又起消毒作用。有蚂蚁出没的，应在大棚四周地面撒一圈防蚁药。

98. 家蚕何时移入大棚饲养比较适宜？

钢管塑料大棚一般搭建在桑园附近，无建筑物或大树遮阳，棚内温度高，昼夜温差较大，特别是夏秋蚕饲养期中午短时间内温度升高很快。靠壁简易大棚倚居民楼墙壁而建，棚内空间一般较小，温度昼夜变化很大。因此，采用上述两种大棚形式的，家蚕进棚饲养的时间应宜迟勿早，一般以 5 龄饷食第 2 天带叶移入为宜。如果 4 龄蚕移入大棚饲育，大眠期在棚内度过，风险很大，容易诱发蚕病。其中采用靠壁简易大棚家蚕进棚时地面必须铺上稻草，以防水泥地面温度过高对家蚕造成危害。而毛竹稻草大棚一般棚顶覆盖层较厚，隔热性能好，棚内温度变化较小。因此，进棚饲养的时间可适当提前，一般以 4 龄饷食后第 2 天带叶移入为宜。

99. 怎样调控大棚内温度？

除晚秋期外，其他各期大棚内温度均会明显高于室内，且调节难度比较大。特别是夏蚕和早、中秋蚕午后棚内温度远远超过家蚕的生理适温，如不采取行之有效的降温等措施，不仅会造成龄期缩短，食桑减少，产量降低，而且还会导致蚕病发生。所以，调控大棚温度是大棚养蚕的关键技术之一。

（1）灵活掌握通风换气时间。午后高温时，在一定时间内要放下大棚四周通风裙（帘），防止热量辐射到棚内；早上和傍晚要卷起大棚四周所有通风裙（帘），进行通风换气，但要避免阳光直射；夜间如外温较低，则应关闭各类通风口。

（2）架设遮阳网。钢管塑料大棚和靠壁简易大棚必须架设遮阳网。目前，市售遮阳网的遮光率因规格、型号的不同而有差异，一般黑色遮阳网的遮光率在20％～75％之间。用于养蚕大棚的遮阳网遮光率越高越好，而且最好架设2层，以达到充分遮挡太阳光、降低棚内温度的目的。

（3）喷水降温。夏秋期午后高温时，可用高压水泵或自来水喷洒棚顶和四周，以降低棚内温度。

（4）叶面补湿降温。高温期间午后给桑时，可用清洁水或含0.3％有效氯的漂白粉稀释液喷洒叶面，能起到降温、桑叶保鲜和叶面消毒等作用。

100. 大棚养蚕重点应注意哪些问题？

大棚饲育环境一般差于普通蚕室，所以饲养期间必须采取针对性技术措施，才能减少蚕病发生，确保张产稳定。

（1）适当增加给桑次数。由于大棚内温度高，通风性较好，桑叶容易干瘪，所以在劳力允许时应适当增加给桑次数，午后给桑可进行叶面补湿，以提高桑叶利用率和蚕的食下率，增强家蚕体质和对高温环境的抵抗力。

（2）重视防病消毒。针对大棚养蚕的特点，要认真抓好饲养期间蚕体蚕座的消毒工作，做到每天撒新鲜石灰粉1次，并合理安排好抗生素添食、灭蚕蝇体喷等。

（3）严防高温危害。高温晴热天午后要采取各种行之有效的降温措施，以降低棚内温度，减轻高温带来的各种危害。

(4) 做好防天敌和药害工作。饲养期间要采取各种措施，防止老鼠、蚂蚁、蟾蜍、家禽等的危害。同时，要严防大棚周围桑园或其他农作物用药治虫引起中毒。

(5) 注意叶蚕平衡。根据实际生产调查，大棚养蚕桑叶利用率和蚕的食下率偏低，千克茧用桑量高于室内饲育，所以在蚕种订购时应考虑叶蚕平衡。

(6) 预防自然灾害。养蚕期间要注意天气预报，防止强对流恶劣气候（冰雹、暴雨等）带来的危害；台风多发地区在台风来临前，要做好大棚的加固工作。

101. 夏秋蚕饲养有哪些不利因素？

夏秋蚕数量占全年饲养总量的60%以上，在全年生产中有着举足轻重的地位。但夏秋蚕往往饲养风险大、张产不稳、茧质较差，其原因主要有以下几种。

(1) 气候恶劣。夏秋季（除晚秋外）全国大部分蚕区天气高温干燥或高温高湿，温湿度往往超出了家蚕正常生长发育的生理范围，给饲养管理增加了很大难度。如长江中下游地区夏蚕期正值梅雨季节，低温高湿和高温高湿交替出现，容易造成蚕室闷热高湿；早秋蚕期为全年气温最高时段，炎热少雨；中秋蚕期虽然3龄后季节已过立秋，但仍会受到“秋老虎”或台风过后高温高湿的危害；晚秋蚕期易受冷空气影响。因此，夏秋期不利的气候环境，极易导致家蚕体质下降，诱发蚕病，造成张产和茧质的下降。

(2) 病原数量递增、致病力强。夏秋期的气候条件适宜病原微生物的繁殖，并随着养蚕次数的增加，不仅环境中病原物数量递增，而且新繁殖的病原对家蚕的致病力强。所以生产上夏秋蚕是蚕病的高发期，无论是蚕病的发生面，还是蚕病的损失程度均远远大于春蚕。

（3）桑园虫害严重。夏秋期桑园各种虫害进入繁殖和危害的高峰期，加上桑园茂盛，防治难度大。如不加强用药防治，不仅桑叶产量减少，而且叶质受到严重影响。大量的虫粪叶、虫口叶容易造成病原交叉传染。

（4）农药喷施频繁。夏秋期桑园和其他农作物治虫用药频繁，大量施用农药后容易污染桑叶和养蚕环境，引起家蚕中毒，重者直接死亡，轻者使家蚕慢性中毒，导致蚕体大小不匀，体质下降，诱发传染性蚕病。

102. 如何养好夏秋蚕？

养好夏秋蚕关键要针对夏秋期存在的各种不利因素，采取以下相应的饲养管理技术措施。

（1）合理布局。要根据桑树生长规律，结合各地历年的气候特点和耕作习惯等，合理布局好各期的饲养时间和饲养量。杭嘉湖地区一般6月下旬7月初饲养夏蚕；8月初饲养早秋蚕；9月初饲养中秋蚕；9月底饲养晚秋蚕。“三秋改两秋”后中、晚秋饲养时间一般为8月下旬和9月下旬。考虑到中秋蚕大蚕期往往遭遇高温，影响蚕茧产量和质量的提高，而晚秋期气候适宜，无高温危害。所以，近年来逐步减少中秋蚕饲养量，增加晚秋蚕饲养量。

（2）因地制宜选择蚕品种。根据夏秋期的气候特点，一般夏蚕、早秋和中秋蚕应选择抗逆力较强的秋用蚕品种；晚秋蚕气候和桑叶良好的地区可实行“春种秋养”。

（3）严格消毒防病。夏秋期各蚕期间隔时间短，容易造成病原垂直传播，导致各类传染病发生。因此，要通过全方位的消毒，努力降低蚕病损失。做到养蚕前消毒与饲养中消毒、回山消毒相结合；通风降温与防病消毒相结合；水剂消毒与粉剂消毒相结合；消毒防病与桑园治虫相结合。

（4）重视桑园施肥治虫。桑树春伐后要及时重施夏肥，补施秋肥，并做好夏秋期桑园的除草和抗旱排涝等工作。特别要加强桑园虫害防治，以降低虫口密度和桑叶损失，减少虫粪叶、虫口叶等带来的病原交叉传染。

（5）加强饲养管理。夏秋期（晚秋除外）绝大多数年份气候比较恶劣，蚕室温度调控难度大，因此，精心饲养管理显得更加重要。要尽最大努力降低蚕室温度，加强通风换气，以利于各龄蚕生长发育；认真做好桑叶的采、运、贮，确保桑叶新鲜；做到稀放饱食，巧吃湿叶，超前扩座，勤喂薄饲。

（6）严防农药中毒。桑园治虫要严格按照技术部门的要求用药，不擅自改变药种、提高浓度，不使用高毒、高残留农药。同时，要处理好其他农作物用药治虫与养蚕生产的矛盾，努力避免农药中毒事故的发生。

103. 饲养雄蚕品种应注意哪些要点？

雄蚕品种饲养过程中在眠起处理、防病消毒、通风换气、稀放饱食等管理技术措施上与现行常规蚕品种基本一致，但必须注意以下 5 个方面。

（1）雄蚕品种每张卵量为 62 000±500 粒，是常规蚕品种的 2 倍多。所以每一双盒为一张，补催青摊卵时面积要增加一倍，常规压卵网、收蚁网只供一单盒（0.5 张）使用，因此需增加压卵网和收蚁网数量。

（2）雄蚕品种的理论孵化率为 48%～50%，有一半蚕种不能正常孵化。而实际生产上孵化率往往超过 50%，但超过部分的雌蚕一般在 1 龄眠中或 2 龄饷食后陆续死亡，此属正常现象，非蚕病或中毒所致，蚕农不必担忧和惊慌。剩下能正常生长发育的才是真正意义上的雄蚕，其雄性蚕比例在 98%以上。

（3）雄蚕个体和蚕茧均略小于雌蚕，在张种卵量相同情况下，张产茧量低于常规品种。张种卵量增加后，张产茧量会高于常规品种。因此，在张种饲养头数增加的情况下，不仅各龄要相应扩大蚕座面积，并适当增加给桑量，而且也要相应增加蔟具和上蔟面积。

（4）小蚕期饲养温度以比常规品种偏高0.5℃左右为宜，用叶要求新鲜、适熟；大蚕期食桑旺盛，不踏叶，一定要做到稀放饱食，以利于张产提高。

（5）由于雄蚕品种性别单一，饲养中群体整齐度好，熟蚕齐涌，所以要提前做好上蔟的各项准备工作。同时，雄蚕茧茧层厚，对高湿环境比较敏感。因此，必须加强蔟中管理，特别要做好开门开窗、通风排湿工作，以利于茧质提高。

四、上蔟采茧

104. 为什么要做到适时上蔟？

家蚕饲养到5龄末期，食欲逐渐减退，胸部透明，头胸左右摆动，口吐丝缕，这种蚕称为适熟蚕，此时为上蔟适期。如果上蔟过早，家蚕尚未完全具备吐丝结茧的习性，在到达适熟前，要排泄大量粪尿，不仅会污染蔟具及蚕茧，增加“游山蚕”、不结茧蚕及黄斑茧，而且茧层薄，全茧量和茧层率低，影响蚕茧产量和质量；如果上蔟过迟，则熟蚕由于急于吐丝而找不到适当的营茧位置，容易增加双宫茧、柴印茧、薄皮茧和畸形茧等，同样影响蚕茧产质量。

105. 怎样正确使用蜕皮激素？

蜕皮激素是由昆虫的前胸腺所分泌的一种甾体激素，具有促进幼虫蜕皮、化蛹的生理功能。蜕皮激素在养蚕生产上的应用已有30余年的历史，主要用于调控家蚕龄期经过、促进熟蚕上蔟齐一，也可在5龄期桑叶紧缺或蚕病发生较重时用于促使家蚕提前老熟结茧，以减轻因缺叶或蚕病带来的损失。

使用蜕皮激素必须掌握适时适量，否则会造成不良后果。一般在见熟蚕5%左右时喷叶添食，过早使用会影响产茧量，5龄以前严禁使用。配制方法是先将1支针剂蜕皮激素溶于2千克清洁水中，经充分搅拌后，再用喷雾器均匀喷洒在15～20千克新鲜桑叶上，使每片桑叶上均沾有药液，供1张蚕种使用。添食后经10小时左右即可上蔟，所以一般早晨添食，下午上蔟；傍晚添食，第2天早晨上蔟。

106. 蔟中管理包括哪些内容?

从熟蚕上蔟到采茧经过的阶段称为蔟中。蔟中管理是饲养过程中最后一道环节，也是提高蚕茧质量的关键措施之一。所以上蔟后必须认真做好以下工作。

（1）捉清“游山蚕”。一般上蔟一昼夜后，大部分蚕开始吐丝营茧，还有少量蚕尚未定位，在蔟上徘徊，这种蚕俗称“游山蚕”。此时必须及时将其捉出，另行上蔟。否则，其排出的粪尿易污染其他好茧，使黄斑茧增多，且化蛹时间不一，影响适时采茧和售茧。

（2）调节蔟室温湿度。蔟室温湿度应掌握在24℃、干湿差2.5℃左右。蔟中如高温高湿，不仅容易增加不结茧蚕、病死蚕，而且茧色灰暗，黄斑茧多，并严重影响蚕茧的解舒率。蔟中如低温干燥，则吐丝缓慢，营茧时间长，容易产生茧层厚薄不匀的薄头茧、穿头茧和茧层松浮的绵茧等。此外，蔟中昼夜温度的激变，会使家蚕吐丝间断，导致茧层产生隔离，形成多层茧，影响出丝率。

（3）加强蔟中通风排湿。熟蚕排出的大量蚕尿，不仅分解后可产生大量氨气和二氧化碳等不良气体，影响家蚕吐丝结茧，而且可使蔟室湿度增大。所以一般在上蔟一昼夜后绝大多数熟蚕已定位营茧时，要打开门窗通风排湿，并保持室内有一定的气流（以2厘米×30厘米左右的纸条粘在门框上微微飘动为宜），直至营茧结束。如遇高温闷热无风天气，在做到适时合理开门开窗的同时，最好用电扇（最慢档）补充气流。

（4）保持蔟室光线均匀、偏暗。熟蚕具有背光性，如果蔟室光线过强且不匀，则容易导致熟蚕密集在偏暗处，多结下层茧，使双宫等次下茧增多。所以蔟室门窗要用草帘、遮阴网等进行遮光，以保持室内光线均匀、偏暗。

107. 优良蔟具应具备哪些条件?

蔟具是熟蚕吐丝营茧的场所，其结构与蚕茧质量有着密切的关系。优良蔟具应具备以下条件。

（1）结构合理，营茧位置多，适合家蚕吐丝结茧，上茧率高，不易产生柴印、黄斑、双宫等次下茧。

（2）有利于蔟中空气流通、排湿和蚕茧解舒率的提高。

（3）制作时取材容易，成本较低，使用时间较长；上蔟、采茧操作方便，有利于节约成本和提高劳动工效。

（4）体积小，消毒容易，贮存方便。

108. 什么是方格蔟?

方格蔟一般用牛皮纸、箱板纸等为原料制作而成的一种可折叠的蔟具。常见的有两种规格：横式为长 55 厘米，宽 40 厘米，厚 3 厘米，纵向 13 格，横向 12 格，共 156 孔，每孔大小为 4.5 厘米×3.0 厘米；竖式为长 55 厘米，宽 42 厘米，厚 3 厘米，纵向 18 格，横向 9 格，共 162 孔，每孔大小与横式相同。每只蔟片展开时成长方形，折合后成条状。

方格蔟每一孔格适合一条蚕吐丝营茧，结构合理；蚕尿排在蔟外，可避免相互污染，茧色洁白；能明显减少双宫茧数量，提高上茧率和蚕茧解舒率；采用双层搁挂上蔟，蔟室利用率高；使用时间较长，贮藏方便。但采用方格蔟上蔟操作费工，一次性投资较大。

109. 如何正确使用方格蔟上蔟?

方格蔟大多采用搁挂式。事先把两片方格蔟短边相接，两面长边分别捆扎细竹竿，竹竿应比方格蔟长 20 厘米左右（两端各 10 厘米左右），以便于搁挂。上蔟方法有人工上蔟和自动上蔟两种。

(1) 人工上蔟。把捆扎好的方格蔟平放在光滑的地面或铺有薄膜的地上，既可单层放，也可5～6片重叠放。见5%左右熟蚕时添食蜕皮激素，约经10小时在蚕座上摊放塑料大蚕网，待熟蚕爬上网后，即可提取蚕网，轻轻抖动使熟蚕落于方格蔟上。稍等片刻依次提起蔟片挂在蔟架上，每片相距12厘米左右，以便于通风排湿。

(2) 自动上蔟适用于蚕台育或地蚕育，前期处理与人工上蔟相同。上蔟前蚕座上撒少量切短的无毒稻草，再铺上塑料编织蚕网，然后把方格蔟平放在蚕座上，待熟蚕爬上方格蔟后，提起挂在蔟架上，没有上完的熟蚕人工捉起上蔟。

为了减少蚕尿污染，降低蔟室湿度，最好采用预上蔟的办法，即将上有熟蚕的蔟片挂在蚕室门口、走廊等遮阳地方的搁架上，待有80%以上的熟蚕进孔后移入蔟室内保护。预挂期间要防止天敌危害，避免强光强风，随时检查熟蚕落地情况。一般预挂时间不宜超过16小时。

110. 使用方格蔟上蔟时应注意哪些问题?

(1) 首次使用的方格蔟有异味，熟蚕进孔率明显低于旧蔟片。所以使用前要用桑叶搓揉汁液洒在新蔟片上，或在展开的蔟片孔内撒上蚕沙保持24小时左右，经消毒摊晒后再使用。

(2) 为了提高熟蚕的进孔率，可通过大眠时严格分批提青、5龄分批饷食和添食蜕皮激素的办法来促使家蚕成熟度基本一致，并做到适熟上蔟。

(3) 合理掌握上蔟密度，每只蔟片的上蔟头数应略少于孔格数。每张蚕种所需方格蔟片数可根据当地张种卵量和饲养期间的减蚕率情况，按所用方格蔟每片孔格数的90%左右计算得出，一般每张蚕种需准备方格蔟180～200片。

(4) 熟蚕具有向上爬行的习性，所以为了提高熟蚕的进孔率，一方面蔟片挂置时应注意熟蚕多的一侧朝下；另一方面要做好翻蔟工作，一般在大部分熟蚕爬向蔟片上方时，应将蔟片翻转朝下，让其重新往上爬行进孔。待大部分熟蚕进孔营茧后，对未进孔的熟蚕要捉起另行上蔟。

（5）室内蔟片搁挂方向应与门窗空气对流方向平行，蔟片间要有一定间距，高度不宜离地面太近，以利于空气流动。同时，采用多层搁挂的上下层要在一条垂线上，以避免上层熟蚕排出的尿液污染下层蚕茧。

（6）采茧结束后，先在火上燎去方格蔟上附着的浮丝，再在日光下曝晒消毒，然后将蔟片收拢存放于室内阴凉干燥处，防止农药等有害物污染。

111. 什么是塑料折蔟？

塑料折蔟由无毒聚乙烯制作而成。一般规格为 16 峰，峰高 8.5 厘米，宽度 80 厘米左右，使用长度 120 厘米左右。每张蚕种需塑料折蔟 40 片左右。其优点是上蔟、采茧省工省力，消毒、贮藏快捷方便，妥善使用和保管的可用 8～10 年。但上蔟面积大，吸湿性差，蚕茧含水率偏高，且一次性投资较大。

112. 怎样正确使用塑料折蔟上蔟？

塑料折蔟大多用于蚕台育和地蚕育的自动上蔟，也可人工捉熟蚕上蔟。采用自动上蔟的，在 50%左右蚕见熟时铺蔟片为宜。为减少蚕座残叶、蚕沙粘在蚕茧上，应先在蚕座上平行放置两根细竹竿或塑料管等，然后将塑料折蔟均匀拉长后轻轻放上，利用熟蚕向上爬的习性，使其自动上蔟结茧。蔟室面积不足时可以双层上蔟，在第一层（下层）蔟片上的部分熟蚕开始定位营茧并看见有熟蚕往下爬行（寻找营茧位置）时铺第二层（上层）蔟片，上下层蔟片呈“十字”交叉放置。两层蔟片铺放间隔时间与室温和熟蚕整齐度有关，温度高、发育齐，间隔时间短；反之间隔时间长。通常春蚕、晚秋蚕间隔 18～24 小时；夏蚕、中秋蚕间隔

12小时左右。但尽可能不采用双层甚至三层上蔟，以免茧质下降。采茧时，先将蔟片正反两面的死蚕、薄皮茧拣出，再轻轻拉长折蔟，使浮丝断开，然后顺蔟沟采下蚕茧。

113. 使用塑料折蔟上蔟时应注意哪些问题？

（1）首次使用的新蔟有异味，不利于熟蚕定位营茧，所以使用前可将蔟片埋入蚕沙中一昼夜，再进行消毒后使用。

（2）为提高熟蚕的整齐度，要认真做好大眠时的分批提青和5龄分批饷食工作，也可添食蜕皮激素。

（3）由于塑料折蔟没有吸湿性，所以捉熟蚕人工上蔟时，蔟片不可直接铺在没有吸湿材料的地面上，否则容易增加不结茧蚕。采用自动上蔟时，如直接在蚕座上上蔟，应事先除去部分蔟沙，防止因蔟沙过厚、蒸热发霉，导致茧质不良。最好先将塑料折蔟平铺于蚕座，等熟蚕爬上后，移放在铺有稻草等吸湿材料的地面上，这样有利于提高茧质。

（4）务必重视蔟室的通风排湿工作，一般在上蔟一昼夜后绝大多数熟蚕已营成薄茧时，就要打开门窗保持空气对流，以降低蔟室湿度。待茧壳变硬后，最好将塑料折蔟挂起或放置在通风处，以加快排湿、提高茧质。

（5）上蔟一昼夜后，在大多数熟蚕已定位营茧时，应及时捉去“游山蚕”另行上蔟。

（6）采茧结束后，要将塑料折蔟放在1.0%～1.5%有效氯浓度的漂白粉溶液中浸泡10～15分钟，待浮丝变脆后用刷子除去残留的浮丝，再用清水冲洗，晾干后每10片叠放并捆扎以保持峰形，放在阴凉、干燥、无毒处贮藏。塑料折蔟最忌曝晒，否则可影响使用寿命。

114. 什么是稻草伞形蔟？

伞形蔟由晒干、梳净、理齐后的稻草切割后结扎而成，长为

50～60 厘米，每把 30 根左右，中间扎结。每张蚕种需 1 000 把左右。使用时将草把中间扎结处对折并旋转扭成伞形，自动上蔟的直接插在蚕座上；人工捉熟蚕上蔟的，先在蔟室地面上铺一层稻草，边插伞形蔟边撒上熟蚕。上蔟以一层为好，不宜多层重叠上蔟。其优点是就地取材，成本低廉，且制作简单，存放方便；缺点是结茧位置较少，通风不良，黄斑茧、柴印茧较多。

115. 稻草伞形蔟上蔟应注意哪些问题？

（1）稻草伞形蔟预先制作好后，应存放在干燥、清洁处，以防稻草受潮变软而导致上蔟后发生倒伏。

（2）由于重复使用后的蔟草受病死蚕污染，带有病原微生物，如采用自动上蔟直接插放在蚕座上极易造成蚕体创伤，导致蔟中细菌性败血病发生。所以上蔟前对所用蔟草一定要在日光下反复摊散曝晒。

（3）由于稻草伞形蔟结茧位置较少，通风较差，所以上蔟密度应偏稀，一般每张蚕种上蔟面积不少于 40 米^2。同时，最好上高层蔟，且上蔟一昼夜后要开门开窗、通风排湿。

116. 什么是稻草蜈蚣蔟？

蜈蚣蔟俗称“草龙”，是由两根细稻草绳配合绞机，边绞边在两绳中间嵌入 25 厘米左右的短稻草绞旋而成的。制作前应将稻草晒干、梳净、理齐、切割，备好粗细适中的草绳；制作时将切割好的短稻草平摊于两绳中间，边摊边绞，尽量减少重叠，且要求绞得紧。一般每张蚕种需准备 3 米长的蜈蚣蔟 40 条左右，约需稻草 50 千克。蜈蚣蔟大多用于自动上蔟，也可人工捉熟蚕上蔟。其优点是取材容易，制作简单，成本低廉；上蔟便捷，节省人工；蔟枝排列均匀，营茧位置多，且不易倒伏。缺点是采茧较费时，柴印茧、黄斑茧较多；体积大，贮放困难。

117. 稻草蜈蚣蔟上蔟应注意哪些问题？

（1）采用自动上蔟法上蔟的，应在大批见熟50%左右时，先在蚕座上撒少量桑叶，然后将蜈蚣蔟直接放在蚕座上即可。

（2）为减少柴印茧、黄斑茧发生，提高茧质，一方面上蔟要稀密均匀，防止过密；另一方面待熟蚕营茧结束后，可将蜈蚣蔟挂起，以利于通风排湿。

118. 不结茧蚕发生的原因和预防措施有哪些？

生产上常出现上蔟后一些熟蚕不吐丝结茧或虽吐少量丝但不结成茧的情况。造成熟蚕上蔟后不结茧的原因很多，主要有农药废气中毒、病原感染、生理障碍、上蔟处理不当和蔟中环境不适等。要预防不结茧蚕的发生，应做好以下4项工作。

（1）严防农药和废气中毒。家蚕对农药和有毒气体非常敏感，在饲养过程中一旦发生中毒，往往导致家蚕中枢神经麻痹，特别是杀虫双等沙蚕毒素类和其他一些农药会造成家蚕吐丝机能障碍，使熟蚕虽吐丝但难成茧甚至不吐丝。所以一方面蚕桑地区要禁用杀虫双等对家蚕极其敏感的农药，慎用毗邻其他农作物和路边的桑叶，做到先试后吃；另一方面要防止工业废气污染。此外，不要用有农药残留的稻草制作蔟具等。

（2）重视防病消毒。大多数蚕病在上蔟前、后感染，均能导致家蚕上蔟后不能吐丝营茧，并逐渐死亡。所以，4龄、5龄期必须切实抓好蚕体蚕座的防病消毒工作，减少蚕病发生，同时要严防眠中和饲养期间高温冲击而诱发蚕病。

（3）改善饲育环境。在饲养过程中要采取各种措施和办法，使蚕室温度保持在各龄蚕的生理适温范围内，加强饲养环境的通风换气，确保蚕座干燥，减少病原菌的滋生繁殖。

（4）加强上蔟处理和蔟中管理。上蔟要适时，操作要轻，不伤蚕体，并掌握熟蚕成熟程度、上蔟密度和蔟室光线“三均匀”，做到蔟室、蔟具和环境“三干燥”。同时，必须高度重视蔟中开门开窗、通风排湿，防止高温闷热引发不结茧蚕。

119. 如何减少不良茧的发生?

所谓不良茧是指只能缫制低品位生丝或不能用于缫丝的蚕茧。饲养期间微量农药中毒、感染蚕病或蝇蛆寄生、蔟具不良、蔟中环境恶劣等均会导致不良茧的发生。

（1）双宫茧。有两条以上蚕共结一个茧的称双宫茧。预防方法主要是改良蔟具；控制上蔟密度，做到适熟均匀，避免过熟上蔟；上蔟初期保持蔟室光线均匀，防止阳光直射、强风直吹；蔟中遇高温时要采取相应降温措施。

（2）柴印茧。在茧层上印有蔟枝痕迹的称为柴印茧。预防方法主要是推广方格蔟等优良蔟具；稻草蔟制作和使用时注意蔟枝排列稀密均匀；上蔟不能过密。

（3）黄斑茧。被熟蚕排泄的粪尿或烂、死蚕汁液污染的称为黄斑茧。预防方法主要是避免熟蚕和未熟蚕混上蔟；控制上蔟密度；蔟具应保持干净、干燥；蔟中注意通风排湿。

（4）死笼茧。家蚕在吐丝营茧中途死亡，尸体污染茧层的称死笼茧。其中茧层薄、腐液渗出茧层的称烂茧；茧层较厚，污液由内层渗至外层隐约可见的称内印茧。预防方法主要是饲养期间加强防病消毒，严防上蔟前后感染蚕病；重视蔟中管理，及时通风排湿，防止高温高湿危害。

（5）绵茧。因茧丝胶着力小，茧的表面缩皱不明显，茧层呈松浮状态的称绵茧。主要由于蔟中过于干燥所致，生产上很少出现。只要蔟中环境能保持适中的湿度，就能避免其发生。

（6）畸形茧。凡茧形特殊而成畸形的统称畸形茧。预防方法是饲养期间和蔟中要严防微量农药中毒；蔟枝要排列均匀，防止分布距离过于狭窄；上蔟要做到稀上、匀上，不能过密。

（7）穿头茧。茧的一端茧层很薄甚至穿孔的称穿头茧。蔟中光线不匀是其发生的主要原因，同时蔟中高温闷热也易导致其发生。所以只要上蔟后保持蔟室光线均匀，做好通风排湿等蔟中管理工作，就能避免其发生。

（8）薄皮茧。茧层很薄，丝量少，茧层率不到上茧1/3的称薄皮茧。预防方法是饲养期间注意用叶质量，做到良桑饱食、适熟上蔟。

（9）蛆孔茧。由于家蚕被多化性蝇蛆寄生，结茧后蝇蛆穿破茧层的称蛆孔茧。预防方法是养蚕期间要适时使用灭蚕蝇体喷或添食，减少蝇蛆寄生。

（10）红斑茧。茧层表面有淡红色斑点，或柴印痕迹处呈现淡红色的称红斑茧。预防方法是上蔟前对所用蔟草在阳光下反复曝晒杀菌，加强蔟中通风换气，防止因蔟中高湿或蔟草潮湿引起细菌（灵菌）繁殖。

120. 怎样做好适时采茧和售茧工作？

适时采茧有利于蚕茧质量的提高。若采茧过早，一部分蚕尚未化蛹（俗称毛脚茧）或刚化蛹而处于嫩蛹状态，容易破损出血污染茧层，形成内印茧，而且采下的蚕茧如长时间堆积，则容易发生蒸热造成解舒不良而影响缫丝。如采茧过迟，有多化性蚕蛆蝇寄生的，则成为蛆孔茧；有蚕蛹羽化的，则成为蛾口茧，均可使茧质下降而不能缫丝。家蚕上蔟后至化蛹经过时间的长短与环境温度的高低密切相关，杭嘉湖蚕区一般上蔟到采茧经过时间：春蚕为6～7天；夏蚕、早秋蚕和中秋蚕为5～6天；晚秋蚕为7～8天。在实际生产中，采茧前应先采少量蚕茧摇听，有“沙沙”声则表明蚕已化蛹，可以采茧；也可随机采几颗蚕茧削开茧壳看蛹体颜色，呈黄褐色时为采茧适期。采茧时要先拣出死蚕和烂茧，以防污染好茧；做到轻采轻放，并将各种不良茧与上茧分开存放，以避免混杂而影响茧质。

从蔟具上采下的茧称鲜茧，鲜茧含有一定的水分，且蚕蛹呼吸会产生热量，所以一方面采下的蚕茧不能长时间大量堆积或存放在不透气的袋内，以防发生蒸热而影响茧质；另一方面售茧时不能用塑料袋、蛇皮袋等通气性不良的器具装运，并做到先采早售，后采迟售，适时售茧。

121. 如何提高蚕茧解舒率？

蚕茧解舒指缫丝时茧丝离解的难易程度；解舒率就是解舒丝长与一茧丝长的百分比。如缫丝时茧丝离解困难，落绪多，则表明解舒差；反之则解舒好。蚕茧解舒直接影响缫丝企业的生丝产量和质量和台时工效，是衡量蚕茧质量优劣的一个重要指标。随着自动缫丝机的广泛应用，对蚕茧解舒率提出了更高的要求。

蚕茧解舒率除了与蚕品种有一定关系外，主要与蔟具、上蔟方法和蔟中环境密切相关，尤其是蔟中环境对蚕茧解舒率影响最大、最直接。因此，生产上要从以下 3 方面着手来提高蚕茧解舒率：

（1）选用方格蔟等优良蔟具是提高蚕茧解舒率的保证。蔟具的结构、性能和使用方法对蚕茧解舒率有直接的影响，所以要稳定提高蚕茧解舒率，必须大力推广方格蔟，合理使用塑料折蔟，尽量不用稻草蔟。

（2）适熟上蔟、稀上匀上是提高蚕茧解舒率的基础。上蔟时家蚕成熟度基本一致，稀密适中，防止过密，均有利于降低蔟中湿度、改善蔟中环境、减少不良茧数量、提高蚕茧解舒率。

（3）调控蔟室温、湿度和气流是提高蚕茧解舒率的关键。蔟室内的温度、湿度和气流与蚕茧解舒率关系密切，影响时段为家蚕开始营茧至吐丝结束，最适宜的环境为温度 22～25℃、相对湿度 60％～75％、气流 0.5～1.0 米/秒。据试验，在蔟室温度同为 30℃ 的条件下，相对湿度 65％时，无气流时解舒率 85.2％，气流 0.5 米/秒（2 厘米×30 厘米左右的纸条粘在门框上微微飘动时的风速）时，解舒率 93.6％，提高 8.4％；相对湿度达到90%时，无气流解舒率仅为28.4%，气流0.5米/秒，解舒率可达83.0%，提高54.6%。这充分说明湿度和气流及两者组合对蚕茧解舒率影响最大，只要其中一个条件在适宜范围内，解舒率就能大幅度提高。因此，实际生产中，上蔟后遭遇高温高湿天气时，在难以调控温度的情况下，必须通过采取开门开窗、通风排湿和电扇（最慢档）辅助空气对流等措施来降低蔟室湿度、增加蔟室气流，从而有效减轻恶劣天气对蚕茧解舒率的影响。

五、防病消毒

122. 什么是蚕病？

健康蚕体内的各种生理功能、机能和新陈代谢都处在一个相对平衡的状态下，能够正常地生长发育和繁衍后代。凡是一切妨碍家蚕正常生理的有害因素，都有可能导致家蚕生长发育异常，如传染性病原微生物、寄生虫、理化因子、生理障碍以及遗传致死等，这些因素引起的各种家蚕病害，统称为蚕病。

123. 常见蚕病是如何分类的？

（1）根据蚕病的传染性。可分为传染性蚕病和非传染性蚕病两大类。

①传染性蚕病。病原微生物侵入或寄生蚕体后在体内进一步复制、增殖，并通过发病蚕的尸体、蜕皮、粪便、体液等媒介扩散感染更多健康蚕，或上一蚕期残留的病原引起下一蚕期饲养的蚕发病，也可通过遗传方式使下一代蚕感染发病的称之为传染性蚕病。主要有病毒病、细菌病、真菌病和原生动物病 4 大类。

②非传染性蚕病。家蚕个体发病后除了发病个体本身受损外，不会将病原扩散传染给其他健康蚕的蚕病称之为非传染性蚕病。主要有节肢动物病、蜇伤症、中毒症和生理性病害。

（2）根据蚕病的寄生性。可分为寄生性蚕病和非寄生性蚕病两大类。

寄生物将家蚕作为寄主，在代谢上依赖于家蚕而生存，引起蚕体代谢障碍、机械损伤或毒性反应等危害引发的蚕病，称之为寄生性蚕病。主要有所有的传染性蚕病和非传染性蚕病中的节肢动物病。由与家蚕不形成寄生关系的侵害性因子侵害家蚕后所引起的蚕病，称之为非寄生性蚕病。主要有蜇伤症、中毒症和生理性病害。

124. 引起家蚕发病的主要因素有哪些？

家蚕发病一定有致病因素存在。引起蚕病发生的因素很多，一般可分为生物因素、化学因素、物理因素和生态因素4种。

(1) 生物因素。引起蚕病的生物因素有病原微生物（病毒、细菌、真菌、原生动物等）和寄生性生物（多化性蚕蛆蝇、蒲螨等）等。其中病原微生物引起的蚕病都为传染性疾病，是生产上的主要病害，对蚕茧产质量影响最大。

(2) 化学因素。引起蚕病的化学因素有农药、工厂“三废”（废气、废水、废物）和烟草等化学物质。这些化学物质通过空气直接或间接污染桑叶作用于蚕体，导致家蚕中毒后生理功能受损，引发非传染性、非寄生性蚕病。发病程度与化学物质性质、剂量、持续时间和进入蚕体的方式等密切相关。

(3) 物理因素。主要是养蚕过程中扩座、给桑、除沙、上蔟等操作过于粗放造成的蚕体机械创伤，或饲养密度过高时家蚕胸腹足钩爪相互扒抓产生的创伤。机械创伤有强度和部位的区别，严重的可直接导致家蚕死亡；轻度的可造成家蚕体质虚弱；特别是饲养人员难以发现的细微创伤往往成为一些病原微生物侵入蚕体的通道。

(4) 生态因素。主要是饲料、养蚕环境和蚕的体质。家蚕是一种寡食性昆虫，主要以桑叶为饲料并从中摄取所需营养，所以桑叶的数量和质量对蚕体的健康度（抗病力、抗逆力）有明显影响。而影响桑叶质量的主要因素有桑品种、叶位、肥培管理和桑叶适熟、新鲜、清洁的程度等。养蚕环境主要指温度、湿度、气流和光照等气象因素，特别是温度、湿度和气流对蚕的生长发育和强健度影响最大，适宜的环境条件有利于减少蚕病发生。家蚕在长期优胜劣汰的进化过程中形成了抵御不良环境（抗逆力）和病原微生物（抗病力）的生理功能，即蚕的体质，并以遗传的方式相对稳定下来。不同化性、不同品种、不同性别和不同生长发育时期的蚕，在体质上存在一定差异。

125. 家蚕致病因素是怎样相互作用的？

蚕病的发生往往是多种致病因素同时或先后共同作用的结果。通常情况下生物和化学因素是致病的主要因素，而其他因素或为侵入和感染创造了条件，如蚕体上的创伤成为病毒、细菌进入蚕体的通道，变质桑叶引发细菌性肠道病等；或通过影响家蚕的抗病性和抗逆力，加快或加重蚕病的发生，如高温加重家蚕中毒、发病的程度，高温高湿引起家蚕体质下降，并有利于病原微生物的增殖等。由于家蚕的各种致病因素存在于整个养蚕环境和饲养过程中，所以明确这些因素之间的相互关系，有利于人们在生产过程中分析蚕病发生原因，采取全方位的综合防治措施，从而减少蚕病的发生。

126. 什么是蚕的抗逆性、抗病性和蚕病易感期？

抗逆性指家蚕抵抗不良环境（如高温、高湿等）的能力。不同的蚕品种在抗逆性上存在一定的差异，如多化性蚕品种强于一化性蚕品种；夏秋品种最强，春夏兼用品种次之，春用品种较弱。同时，在家蚕整个幼虫发育阶段，抗逆性随龄期的增长而递减，各龄期呈现盛食期强、少食期和将眠期弱的周期性变化。

抗病性指家蚕对病原微生物的抵抗能力。家蚕抗病性因品种、化性、发育阶段及性别而有所不同。多化性较强，一化性较弱；不同龄期中小蚕期较弱，大蚕期较强；同一龄期中起蚕、将眠蚕和眠中较弱，盛食期较强；雄蚕较强，雌蚕较弱。

虽然在同一龄期中家蚕的抗逆性与抗病性基本上是同步波动

的，但就全龄而言，家蚕的抗逆性与抗病性则是此消彼长、动态变化的。小蚕的抗逆性要胜过大蚕，而大蚕的抗病性则远强于小蚕。

蚕病易感期指1～3龄的小蚕期及各龄起蚕、将眠蚕和眠中，通常是家蚕食桑量较少或停止食桑的阶段。

127. 什么是病原体和病原物？

（1）病原体。通常将能引起家蚕发病的各类病毒、细菌、真菌和微孢子原虫等病原微生物统称为病原体，病原体的存在是各种传染性蚕病发生的必要条件。

（2）病原物。指含有病原体的物体，在养蚕区域内病原物来源广泛，如病蚕的尸体、粪便、分泌物、蜕皮；有病的野外昆虫及被病蚕或有病昆虫污染的蚕室、蚕具、蔟具、桑叶、水源、土壤和以病蚕、昆虫为食料的家禽排泄物等。

128. 什么是蚕病的病征（症状）、病变和病程？

（1）病征（症状）。是家蚕感染病原微生物或受其他致病因素影响后，在其外观上（体色、形态、病斑等）和行为机能上（静伏、摇摆、乱爬、吐液、下痢等）出现的异常变化。不同致病因素所产生的病征存在差异，相同致病因素作用于不同龄期的蚕，出现的病征也有可能不同。

（2）病变。是家蚕感染病原微生物或受其他致病因素影响后，在生理功能和内部（细胞、组织器官等）形态上的变化。许多病变须借助显微镜等仪器检测，但如中肠型脓病、血液型脓病、微粒子病等，也可通过肉眼观察进行初步诊断。

（3）病程。是家蚕感染病原微生物或受其他致病因素影响后，至出现病征（症状）所经过的时间长短，可分为急性、亚急性和慢性3种。病程的长短与致病因素的种类、数量（剂量）、毒性和龄期、饲养环境、蚕的体质等因素密切相关。

129. 家蚕染病后要经过哪些过程?

（1）潜伏期。致病因素作用于家蚕后，蚕体尚未表现出任何病征（症状）的时期称为潜伏期。这一时期长短往往与蚕体健康状况（抗逆性、抗病性和生理状况等）、致病因素的种类和环境因素等有关。此时期蚕体外观尚未出现病征（症状），如果蚕的抵抗力能对抗并战胜致病因素，则可免于发病；反之，则进入发病期。

（2）发病期。蚕体出现病征（症状）、生理功能障碍或病变的时期称之为发病期。此时期家蚕的抵抗力已失去作用，通过肉眼可以观察到蚕的各种反常表现，如不能正常眠起或食桑、平伏少动或狂躁爬行、排粪异常等；家蚕体色反常、体躯绵软或肿胀、腹腔空虚、体表出现病斑等特有的病征（症状）。通过解剖肉眼可以观察到蚕体内部组织器官的某些明显病变，如血液混浊、中肠变色、丝腺形态异常等。

（3）转归期。即蚕病发生的最后结局，有痊愈、维持病态和死亡 3 种可能。少数蚕病（如曲霉病、蝇蛆病）和农药、废气中毒等，如发病程度较轻，通过采取相应技术措施后有可能痊愈。部分蚕病发生后，当家蚕的防御功能与致病因素作用基本相当时，病情发展缓慢，维持病态并有可能结茧。但绝大多数病原微生物引起的蚕病最终结果为死亡。

130. 家蚕是怎样抵抗病原微生物侵入的?

家蚕在长期的生物进化过程中形成了多种防御功能。

（1）体壁的防御功能。家蚕体壁可以使病毒、细菌和原虫等病原微生物不能直接进入体内；气门的筛板能将空气中的病原微生物阻挡于体外。

（2）消化管的防御功能。家蚕管状围食膜将肠腔和中肠细胞壁隔开，使病原微生物难以直接与中肠细胞接触。由于各龄起蚕和将眠蚕的围食膜都不完整，故此时家蚕的防御能力较差。此外，中肠内强碱性消化液中含有抗菌物质和抗病毒物质（红色荧光蛋白）。

（3）细胞性的防御功能。家蚕的血球具有将体内异物摄进细胞质内进行消化的吞噬作用，当体内异物比血球细胞大时，血球细胞会在异物周围聚集或将其包围从而形成厚层的包囊作用。

（4）体液的防御功能。家蚕体液中的某些化学物质能钝化或杀死病原微生物。

131. 病原体通过哪几种方式进入蚕体？

（1）食下（经口）传染。指家蚕幼虫因食下染有病原体的桑叶而发病的传染。病从口入是生产上发生最多、最主要的一种传染形式，如血液型脓病、中肠型脓病、浓核病、卒倒病和微粒子病等。

（2）创伤（伤口）传染。指病原体通过蚕体上微细的伤口侵入体内的传染。如血液型脓病、细菌性败血病、微粒子病等。这种传染引发的蚕病发病率高、发病速度快。

（3）接触（经皮）传染。指病原体通过家蚕体壁侵入体内的传染。如各种真菌分生孢子散落在蚕体上后，在温湿度适宜时发芽穿过体壁侵入蚕体，使蚕发病。

（4）胚胎（蚕卵）传染。指病原体通过家蚕的卵使下一代家蚕发病的传染。胚胎传染目前只有微粒子病。

132. 病原体是如何在养蚕环境中扩散、传播的？

（1）病原体的扩散。有饲养操作过程中的人为因素，也有气流、风力、雨水等自然因素，还有家禽食下病死蚕后粪便施于桑园和昆虫迁飞等其他因素。

（2）病原体的传播。有水平传播和垂直传播两种。①水平传播：就是病原体在同一蚕期（同一世代）内相互传染，主要有蚕座内传染、昆虫与家蚕的交叉传染和其他人为或自然因素造成的传染。②垂直传播：就是上一蚕期（上一世代或上一年）结束后残留下来的病原体，传染到下一蚕期（下一世代或下一年）饲养过程中的传播形式。

133. 为什么家蚕容易感染传染病？

家蚕没有完整的免疫系统，对传染性病原微生物的抵抗力有限。其饲养特点是群体大，密集程度高，个体的体质有一定差异，发育慢的弱小蚕或迟眠蚕的抗病力相对较弱，蚕病发生往往从这些弱小蚕开始，由少到多扩散蔓延。且家蚕集中在同一蚕座内食桑、排粪、蜕皮等都有利于蚕病的水平传播。此外，由于桑园中许多昆虫在生物分类学上与家蚕同纲、同目，所以患病昆虫的尸体、粪便等随桑叶一起进入蚕室后，容易产生交叉传染。加上几乎所有的传染性蚕病目前尚无实用、有效的治疗办法，只能预防为主。因此，在传染源广、感染机会多、自身抵抗力弱和环境条件多变且难以控制等多种不利因素影响下，家蚕很容易感染传染病。

134. 引起家蚕中毒的主要毒源和途径有哪些？

家蚕中毒主要是由于农药和工厂“三废”污染所引起，其中农药是实际生产中引起家蚕中毒的主要毒源，发生最普遍。许多农药都可能引起家蚕中毒，其中以有机磷、沙蚕毒素类、拟除虫菊酯类、氨基甲酸酯类、植物杀虫剂和昆虫生长调节剂等危害最大。根据农药种类、剂量、蚕龄和环境条件的不同，在中毒程度上可分为急性和慢性中毒两种；从来源上可分为桑园治虫、桑园或蚕室附近其他农作物治虫和蚕区附近农药企业生产、包装、运输等过程中的泄漏污染等。工厂“三废”主要是企业排放的废气、废水、废物，最常见的是氟化物和二氧化硫引起的家蚕中毒。此外，一些工业品在加工过程中产生的粉尘飘落在桑叶上，家蚕食下后也会出现中毒症状。

有毒、有害物质经食下、接触或熏蒸引起家蚕中毒。生产上绝大多数家蚕中毒是由于农药或工厂“三废”污染桑叶，家蚕食下后引起；也有一些杀虫剂可渗透蚕的表皮，对家蚕产生触杀作用；另外，住宅内使用驱蚊药剂和养蚕区域内其他农作物施用具有熏蒸作用的农药后，有毒物质随气流进入蚕室，并通过蚕体两侧的气门筛板进入体内，从而引发中毒。

135. 家蚕对哪些农药最为敏感？

一般所有杀虫剂对家蚕的毒性都比较大，而杀菌剂则毒性较低。在杀虫剂中以沙蚕毒素类、拟除虫菊酯类、氨基甲酸酯类、昆虫生长调节剂和一些生物农药对家蚕饲养影响最大，中毒后损失最为严重。由于农药引起的中毒目前基本上无药可解，故死亡率高、损失大。此外，如沙蚕毒素类、昆虫生长调节剂等农药引起家蚕中毒后，中毒程度较轻的蚕虽能恢复食桑，并能正常生长发育直至上蔟，但大部分只能吐平板丝或营薄皮茧、畸形茧，甚至不结茧。

136. 什么是消毒？

所谓消毒是指应用化学或物理的方法清除或杀灭养蚕环境中病原及其他有害微生物的过程。消毒是相对的，只能达到将病原和有害微生物的数量减少到对养蚕生产相对无害的程度，不可能做到杀灭所有病原和有害微生物。消毒按方法可分为化学消毒和物理消毒；按时期可分为养蚕前消毒、养蚕中消毒和养蚕结束后消毒（俗称“回山消毒”）。

137. 养蚕消毒有什么特点？

家蚕的生理学特性和密集性、开放式的饲养形式及蚕病发生从个体到群体、从局部到整体的规律，决定了养蚕消毒有别于其他的一些消毒，其特点有以下几点。

(1) 消毒要求高。家蚕在有限的空间内密集性饲养，群体中难免有个体发病。患病个体通过粪便、血液等在蚕座内传染。往往病蚕出现得越早，危害越严重。特别是小蚕期一旦发病，极易导致后期蚕病扩散蔓延。因此，不仅要高标准、严要求地做好养蚕前蚕室蚕具的消毒工作，而且必须高度重视饲养期间蚕体蚕座消毒和每一蚕期结束后的清洁消毒，把消毒工作贯穿于养蚕生产全过程。

(2) 病原微生物抵抗力强。引起家蚕致病的血液型脓病核型多角体、中肠型脓病质型多角体、细菌性中毒病的卒倒菌芽孢、各类真菌病的分生孢子等对理化因子和环境的抵抗力强，消毒时药剂缺乏针对性或达不到一定的浓度和作用时间，很难将其灭活(表5-1)。因此，消毒时必须选择合适的药剂，并按该药剂的使用说明操作。同时，为在消毒时有效打开病毒病的多角体，杀灭其中的病毒，蚕室蚕具消毒剂必须具备强碱性的特点。

表5-1　病原微生物对理化消毒因子的抵抗力

病原体	蒸汽	日光	漂白粉	石灰
血液型脓病核型多角体	100℃，3分钟	40℃，20小时	有效氯0.3% 25℃，3分钟	1.0% 25℃，3分钟
中肠型脓病质型多角体	100℃，3分钟	36℃，29小时	有效氯0.3% 20℃，3分钟	1.0% 23℃，3分钟
细菌性中毒病卒倒菌芽孢	100℃，30分钟	45.7℃，28小时	有效氯1.0% 20℃，30分钟	
白僵病分生孢子	100℃，5分钟	32～38℃ 3～5小时	有效氯0.2% 20℃，5分钟	
曲霉病分生孢子	110℃，5分钟	35℃，5～6小时	有效氯0.3% 常温，20～30分钟	

(3) 需消毒的环境广、用具多。养蚕消毒包括蚕室（小蚕室、大蚕室、上蔟室等）、蚕具（蚕匾、蚕架、蚕网、采叶用具

等）和周围环境。由于目前农村中除大多将生活用房兼作蚕室外，还有一些蚕室（如大棚、简易蚕室等）比较简陋，周围环境不整洁，加上蚕具种类多、表面不光滑，所以给养蚕消毒的彻底性和有效性带来不少困难。

138. 什么是物理消毒？主要方法有哪些？

物理消毒就是利用光、热、蒸汽等物理因素杀灭病原及其他有害微生物的消毒方法。在实际生产中常用的有以下4种。

（1）煮沸消毒。主要用于零星小蚕具（蚕筷、小蚕网、切叶刀等）的消毒。消毒时将已清洗过的物品浸没在消毒锅水中，要求煮沸半小时以上。此法设施简单，操作方便，经济实用。

（2）蒸汽消毒。主要适用于蚕具、蚕架、蚕网等能耐高热的养蚕用具消毒。消毒时将清洗晒干的蚕具均匀放置在消毒灶内，密封后加温，要求100℃高温保持1小时以上。蒸汽消毒因需要一定的设施条件（蒸汽灶或专用消毒灶），所以生产上只有蚕种场广泛使用。

（3）日光消毒。主要利用太阳直射光中的紫外线和红外线消毒杀菌。由于日光消毒只对物体表层起作用，且受天气影响较大，所以生产上只能作为一种常用的辅助消毒手段。

（4）焚烧消毒。将养蚕中使用过的旧蔟具（主要是蜈蚣蔟、伞形蔟）和各类垫纸等带有大量病原微生物、且本身价值很低的物品，通过焚烧达到彻底灭菌、减少病原体扩散的目的。

139. 什么是化学消毒？主要方法有哪些？

化学消毒是利用化学药剂杀灭病原及其他有害微生物的消毒方法，是目前生产上使用最广泛、效果最直接的消毒方法。根据消毒范围、消毒对象和剂型的不同，可分为以下几种。

（1）喷雾消毒。适用于蚕室、蚕具、蚕体、蚕座、地面和桑叶等的消毒。使用时将消毒剂溶解于水中配成一定浓度的消毒液，用喷雾器喷洒到需消毒的物体上，雾滴越细越好，喷药要足量全面，并保持湿润半小时以上。

（2）浸渍消毒。将消毒物品放入已配制成目的浓度的消毒液中进行消毒，常用于蚕具和叶面消毒。由于在同一消毒液中重复浸渍后，消毒液的有效成分会下降，影响消毒效果，所以消毒时需适时加入一定量高于目的浓度的消毒液进行补充。

（3）熏烟消毒。熏烟剂加热或燃烧后有效成分散发到空气中，在一定温度和密闭状态下维持一定的时间，从而达到消毒目的。适用于密封条件较好的蚕室及室内蚕具和蚕体蚕座的消毒。使用时应根据不同熏烟剂的说明进行操作。

（4）撒粉消毒。将粉末状消毒剂均匀撒于蚕体蚕座等表面的一种消毒方法。撒粉消毒除消毒外还具有吸湿干燥蚕座作用。使用时要做到撒药均匀，用量以掌握在小蚕期薄霜一层、大蚕期浓霜一层为宜。

140. 常用化学消毒剂有哪些？

常用蚕室蚕具和蚕体蚕座消毒剂根据化学性质来分，主要有氯制剂、甲醛制剂、季铵盐类、石灰、硫黄和抗菌剂等。

（1）氯制剂是生产上最常用的蚕用消毒剂，可单剂使用（如漂白粉），也可复配使用（如消特灵、消毒净、优氯净等）。其最大特点是广谱、高效，对各类病原微生物杀灭效果较好，且价格较低。但稳定性差（尤其是漂白粉），不易保存，必须现配现用。由于氯制剂主要靠强氧化力杀灭病原微生物，所以均有不同程度的腐蚀性和漂白作用，消毒时应避免接触棉制品，并用塑料薄膜覆盖或包裹室内的金属物品和电器等。

（2）甲醛制剂也是使用比较广泛的广谱性消毒剂，常用剂型有饱和水溶液福尔马林（蚕种生产单位使用较多）和固体甲醛（如防病一号等）两种。甲醛制剂的消毒效果与温度关系很大，在24℃室温下必须密闭5小时以上。甲醛制剂对金属的腐蚀性小，但对人的眼睛和口鼻具有强烈的刺激性，接触皮肤后可能会引发过敏反应，因此操作时要戴上手套和防毒面具，做好防护工作。

（3）季铵盐类消毒剂是一种阳离子表面活性剂，主要有新洁而灭、蚕季安等。在较高浓度时，能杀灭大多数种类的细菌繁殖体和部分游离病毒，但对多角体病毒、细菌芽孢和微粒子虫孢子没有杀灭作用，且不能用于蚕体蚕座和叶面消毒。与生石灰配合使用，对多角体病毒有较好的杀灭作用。

（4）生石灰加水后变成强碱性的氢氧化钙，对多角体病毒具有良好的杀灭作用。生产上常将1%新鲜石灰浆用于蚕室蚕具消毒，或新鲜石灰粉直接用于蚕体蚕座消毒，还可与部分氯制剂和甲醛制剂复配使用。生石灰价格低廉，使用方便，但要防潮，应密封保存，以防止变性失效。

（5）硫黄的主要作用是防僵和防虱螨等虫类，多用于熏烟消毒。

141. 影响化学消毒效果的主要因素有哪些？

（1）被消毒物品表面的清洁程度。当病原微生物被家蚕的尸体、粪便等有机物覆盖时，化学消毒剂不能完全直接作用于病原微生物，有效成分被有机物大量消耗，故难以达到预期的消毒效果。只有在消毒前进行清扫和清洗，使病原微生物充分暴露出来，才能提高消毒效果。

（2）消毒药剂种类的选择、贮藏和配制。通常蚕室蚕具消毒都使用广谱性消毒药剂，目的在于能有效杀灭各类病原微生物。而蚕体蚕座消毒的目的往往是预防病原微生物在蚕座内扩散，或针对某一种蚕病的发生或曾经发生过的某一种蚕病时而使用，所以有较强的针对性。消毒药剂从出厂到失效都有期限规定，贮藏不当或过期均会使其变性、失效，从而影响消毒效果。消毒药剂的配制不仅要按其说明要求操作，而且稀释用水必须使用自来水或井水。河水或田沟水配药除一些微生物会消耗药剂中部分有效成分外，还有可能因农药污染而引起家蚕中毒。

（3）消毒液浓度、作用时间和环境条件。药剂包装上的建议浓度是根据杀灭效果、人蚕安全和对蚕具等物品的腐蚀程度等多方面因素而确定的，即安全使用浓度，通常无需调整或更改。提高浓度既不经济，又不安全；降低浓度，则达不到消毒效果。在一定浓度条件下，消毒液与被消物体的接触时间越长，消毒效果越好，一般喷雾和浸渍消毒后都应保持湿润半小时以上。同时，消毒效果与环境条件有关，消毒时温度越高消毒效果越好。如甲醛类消毒剂当温度低于 24℃或相对湿度低于 70％时，消毒效果就会大大下降。氯制剂消毒不可在强烈日光下进行。

142. 怎样正确使用漂白粉？

漂白粉是一种高效、廉价、广谱性的无机含氯消毒剂，消毒时对温度要求不高，也不需密闭。常用于蚕室蚕具和叶面消毒，也可与新鲜石灰粉按一定比例混合后使用。但其原药稳定性差，有效成分容易散失，且漂白作用和腐蚀性强，使用时不可与电器、金属、棉布等物品接触。同时，由于漂白粉遇空气后容易因吸湿结块而失效，降低消毒效果，所以购买时应注意有效期和包装完好，且应将其保存在阴凉干燥处。

漂白粉消毒液必须现配现用，配制后不宜长时间存放。蚕室蚕具消毒用 1％有效氯溶液，配制时先用少量水将漂白粉调成糊状，再按 1∶25（市售漂白粉有效氯含量一般在 25％左右，即 1 千克漂白粉加 25 千克水）的比例加水稀释后充分搅拌，加盖静置 1 小时左右后使用。喷雾消毒取澄清液，浸渍消毒需不断补充消毒液，以免药液浓度降低。消毒前蚕室蚕具必须清洗干净，蚕具较湿时应在日光下晒干或适当提高消毒液浓度。同时，消毒不能在阳光下进行，消毒后应保持湿润半小时以上。叶面消毒用 0.3％有效氯溶液（1∶75）喷雾桑叶；也可采取浸渍消毒，但桑叶浸渍时间应控制在10分钟以内，晾干后喂蚕。大蚕期晴热干燥天气午后，也可在给桑前用0.5%有效氯溶液（1：50）喷洒蚕座消毒。

143. 消特灵与漂白粉有何不同？

消特灵是由主剂为无机含氯消毒剂（漂粉精）与辅剂（表面活性剂）组合使用的一种复配型高效消毒剂。与同为无机含氯消毒剂的漂白粉相比，其优点为对病原微生物杀灭作用强而迅速；原药比较稳定，较易配制目的浓度准确的消毒液；腐蚀性明显降低等。但价格略高于漂白粉，仍有腐蚀和漂白作用。

消特灵用于蚕室蚕具喷雾或浸渍消毒时，方法与漂白粉基本相同。但配制时必须先用水将主剂调成糊状，然后按每包主剂（125克）加水25千克的比例配至目的浓度，再将辅剂倒入溶液中，严禁主、辅剂原药直接接触。需要重点注意的是：由于辅剂对家蚕有轻微毒性，所以用于蚕体蚕座和叶面消毒时只用主剂，严禁加入辅剂。配制比例为：蚕体蚕座消毒每包主剂加水25千克；叶面消毒每包主剂加水50千克。

144. 怎样正确使用消力威？

消力威的主要成分是三氯异氰尿酸，属有机氯消毒剂。其特点是有效成分含量显著高于消特灵和漂白粉，且在常规状态下比较稳定，产品保质期可达2年。消毒原理与消特灵和漂白粉一样是释放出有效氯，但必须用强碱性的辅剂和含氯主剂混合使用才有效。既可用于蚕室蚕具和叶面消毒，也可与新鲜石灰粉配制成蚕体蚕座防僵粉。

消力威用于蚕室蚕具喷雾消毒时，先将大包药粉（80克主剂）倒入25千克水中，稍加搅拌后再倒入小包药粉（20克辅剂），充分溶解后使用，每平方米用药220毫升左右。

用于叶面消毒，每包（主剂80克＋辅剂20克）加水75千克，是蚕室蚕具消毒水量的3倍，喷雾或浸渍桑叶均可。

用于蚕体蚕座防僵消毒时，药粉与新鲜石灰粉比例为1∶25，先将大包药粉加入2.5千克石灰粉中均匀混合，再加入小包药粉后拌匀，均匀地撒在蚕体上，以薄霜一层为度。

注意事项：①主剂和辅剂严禁直接混合；②配制成水溶液后不宜再加入石灰或其他消毒药剂，并应在5小时内用完；③消力威石灰粉配制后，应在一个蚕期内用完，注意防潮；④严禁儿童接触药物。

145. 怎样用好熏消净？

熏消净是一种熏烟消毒剂，其主要成分与消力威相同，但辅剂含有助燃剂，具有发烟迅速、药效强、使用简便等特点，可用作养蚕前的蚕室蚕具消毒以及饲养期间的蚕体蚕座消毒。对家蚕的病毒病、细菌病、真菌病、原虫病的病原体有杀灭作用。

使用时先将小包辅剂倒入大包主剂中，捏紧袋口摇匀，放在防火隔热材料（如陶瓷盆等）上，点燃袋角或药粉即可。用于养蚕前的蚕室蚕具消毒，用量为5克/米^3，密闭熏蒸消毒5小时；用于蚕期中的蚕体蚕座防僵消毒，用量为1克/米^3，密闭熏消30分钟后通风换气。

注意事项：①主辅剂混合后遇火即自动冒烟，一般不会有明火，但仍需注意防火；②熏烟对棉布、金属有漂白或腐蚀作用，使用时应注意防护；③避免儿童接触药品。

146. 怎样正确使用防病一号？

防病一号是一种主要成分为固体甲醛的常用蚕体蚕座消毒药剂，对真菌性病害有良好的消毒效果。按甲醛含量不同，分1～2龄小蚕用防病一号（简称“小防”，甲醛含量1.25%）和3～5龄大蚕用防病一号（简称“大防”，甲醛含量2.5%）。小蚕不能用“大防”；大蚕用“小防”药量需加倍。由于该药主剂甲醛对人体口鼻黏膜的刺激性强，故使用时应戴防护口罩。

常规消毒在收蚁、各龄起蚕和见熟时各使用1次；发病时要适当增加使用次数（用量参照第139问中的“撒粉消毒”）。用药后第1次给桑不可用湿叶；该药持效较长，用药后可适当推迟除沙时间以维持药效。

147. 怎样正确使用石灰？

石灰价格低廉、使用方便，是最常用的消毒药剂之一。1%新鲜石灰浆对家蚕多角体病毒有强烈的灭活作用，但对其他病原没有直接作用。石灰既可单独使用，又可按不同比例或不同浓度与氯制剂、甲醛制剂复配使用，也可用于受氟化物污染桑叶的叶面处理，还能作为蚕座干燥剂，用途非常广泛。

块状生石灰加适量水化开，冷却后过筛除去渣粒即可用于蚕体蚕座消毒。需要注意的是：石灰粉必须及时用无破损的塑料袋等密封器具保存，杜绝与空气中的水分和二氧化碳接触，否则将变成无消毒作用的碳酸钙。

石灰最好现化现用，但实际生产中为了使用方便，一般在养蚕前一次化好，密封保存，使用时直接取用。所以生产上常说的新鲜石灰粉泛指没有变性失效的石灰粉。

新鲜石灰粉用于蚕体蚕座消毒一般小蚕期龄中每天1次；大蚕期与其他消毒药剂交替使用（用量参照第139问中的“撒粉消毒”）。用喷雾器喷洒石灰浆消毒时要用细网过滤后使用，以免阻塞喷头。

常用的石灰复配剂主要是新鲜石灰粉与含有效氯25%的漂白粉配制成漂白粉防僵粉。1～3龄用按1份漂白粉加12份石灰粉配制成含有效氯2%的漂白粉防僵粉；4～5龄用按1份漂白粉加8份石灰粉配制成含有效氯3%的漂白粉防僵粉。一般在加网除沙前使用，以便及时除沙，防止蚕座潮湿和蚕具腐蚀。

148. 怎样正确使用抗生素？

抗生素主要用于预防家蚕细菌病，均采用喷雾桑叶添食的办法。目前，市场上蚕用抗生素种类较多，各地使用品种不一，很难一一列举。关键要掌握：一是在购买时，要选择当地蚕桑技术部门推荐使用的品种，或规模较大、信誉良好的生产厂家，以确保药品质量；二是要按所用抗生素的使用说明配制稀释，不能降低浓度；三是现配现用，对添食用桑叶喷雾要均匀周到；四是灵活使用，阴雨天湿度高时不用，发病时尽快使用。

149. 添食防病药剂应注意哪些方面？

因家蚕肠道粗短，桑叶和药剂停留在肠道内的时间较短，故药剂添食通常作为防病的辅助手段来使用。同时，由于药剂是配成水剂喷于桑叶喂蚕，所以在实际生产中应注意使用方法和用药时机。多数情况下药剂添食的浓度低于蚕座消毒（体喷）浓度，通常在药剂包装上会标注添食浓度和体喷浓度的配制说明；有主、辅剂之分的药剂用于添食时必须看清标注说明，严防误用。药剂添食应在晴热干燥天的午后进行，阴雨天、桑叶叶面沾水或蚕室、蚕座湿度偏大时，不宜使用，以防药剂添食后蚕室、蚕座更加潮湿。

150. 养蚕前消毒后为什么还要强调养蚕期间的消毒？

养蚕前的消毒只能杀灭大部分的病原微生物，仍会有少量残留，无法做到真正意义上的彻底消毒。在饲养过程中随着人员的进出、桑叶的采入和消毒后残留的少量病原微生物的繁殖，饲养环境中病原微生物的数量会逐渐增多，达到一定量时就会引起家蚕群体中一小部分体质虚弱的个体初次感染。病原微生物在这些蚕体内复制、繁殖并通过排泄、蜕皮等途径，在蚕座中逐步扩散蔓延，造成更多的健康蚕被感染。因此，必须通过饲养期间的多次预防性消毒，遏制病原微生物数量的逐渐增加，从而使蚕座内病原微生物数量控制在对生产基本无害的程度。

151. 仅靠药剂消毒和添食能解决防病问题吗?

在众多致病因素中，病原微生物的存在是蚕病发生的主要因素。药剂消毒或添食确实是杀灭病原和控制蚕病蔓延最有效的手段，但在实际生产过程中，蚕病的发生通常是多种因素共同作用的结果。恶劣的气候环境、不良的营养条件、虚弱的体质和微量农药中毒等，往往成为蚕病发生的诱因，并加大了病原体对家蚕的侵害程度，增加了蚕病暴发的可能性。因此，在蚕病综合防治理念中，使用针对性药剂消毒和添食是预防传染病的基础，同时还必须尽可能地为家蚕提供适宜的饲养环境和足量的新鲜桑叶，并避免与有毒有害物质接触。这样才能在饲养过程中解决防病问题，有效控制和减少蚕病的发生。

152. 为什么有的农户在养蚕过程中虽进行消毒，但蚕病仍得不到有效遏制?

引起家蚕发病的因素有许多，各种致病因素相互关联、相互影响，且绝大多数蚕病只能防不能治，养蚕前蚕室蚕具消毒和养蚕中蚕体蚕座消毒，只是减少养蚕环境中病原微生物数量、控制蚕病发生的技术措施之一，并不能以此作为唯一手段。在实际生产中经常出现有的农户虽已注意用药消毒，但蚕病仍得不到有效遏制的现象，其原因：一是饲养期间不注意观察，没有及时发现病蚕，并加以妥善处理，导致病蚕排泄物、体液或尸体等污染蚕座，造成病原扩散蔓延。二是出现蚕病后不及时用药消毒，或没有做到对症下药。三是发病后仍采用常规消毒方法，不连续用药，使病死蚕难以根绝。由于家蚕从感染病原至表现病征有一个长短不一的潜伏期，对绝大多数蚕病来说，用药只对尚未感染的健康蚕起作用，已经感染而未出现病征的蚕仍可能发病死亡。只有连续用药防治，蚕病才能得到有效遏制。四是未按消毒药剂标准浓度配制，影响消毒效果；或药剂用量不足，没有做到粉剂消毒均匀周到、水剂消毒喷足喷匀；或消毒药剂保管不当，变性失效，失去消毒作用。五是在用叶、温湿度调节、空气流通和饲养操作等日常管理上不到位，如桑园虫粪叶、虫口叶多，蚕室关门关窗、高温高湿，饲养操作粗放等，都可导致蚕体虚弱或产生创伤。

153. 为什么说区域性蚕病流行与蚕种质量没有关系？

在养蚕生产上，由于多种不利因素共存导致区域性蚕病流行时，许多蚕农认为几户零星发生蚕病比较正常，较大范围内的农户都发生相同蚕病甚至颗粒无收是蚕种质量问题所造成。那么蚕病发生与蚕种质量的关系究竟如何呢？

目前已发现的所有蚕病经科学验证，除微粒子病的病原可通过胚胎传染外，其他传染性蚕病的病原均不存在胚胎传染的可能。只要饲养经检验合格的蚕种，生产上就不会发生微粒子病（详见第182问）。家蚕感染所有种类的病毒病、细菌病和真菌病后几乎都要死亡，且病程均比较短，就是5龄末期感染的蚕能吐丝营茧，也不能化蛹、羽化，更不可能产卵制种。即使健康蚕蛾产下的蚕卵受病原污染，通过浴种或浸酸过程中的消毒处理，也已将其杀灭。同时，如果蚕种质量有问题，首先表现为在合理的补催青条件下蚕种实用孵化率低；其次是小蚕期就会发生大小不匀、眠起不齐、陆续死亡等异常情况；再次是整批蚕种涉及的农户饲养期间出现问题的时间和症状应基本一致。因此，生产上蚕种孵化正常、小蚕期生长发育良好、后期（主要是5龄期）发生区域性蚕病流行，与蚕种质量没有任何关系。

154. 眠起期间如何做好全方位的防病消毒工作？

各龄蚕的眠起阶段对病原微生物抵抗力最弱，也就是最敏感的时期，容易感染各种蚕病，所以必须重视和加强该时段全方位的防病消毒工作。一是提青前蚕座要撒新鲜石灰粉，可起到消毒和干燥蚕座的作用；二是就眠后要对贮桑室和一些养蚕用具进行全面清洗和消毒，并将消毒后的用具在阳光下曝晒；三是眠蚕盛起时对蚕室进行地面、空中、墙壁喷雾消毒；四是饷食时必须用防病一号或漂白粉防僵粉等进行蚕体蚕座消毒。

155. 养蚕期间预防消毒“足量定期”与“少量多次”哪个更科学？

养蚕期间在预防消毒用药总量基本相等的前提下，是采用“足量定期”还是采用“少量多次”呢？由于在温湿度适宜且没有外界因素干扰的条件下，病原微生物是以几何级数增殖的。在初始阶段病原微生物的增殖速度较慢，但随着时间的推移病原微生物加速增殖，此时，如不通过用药消毒对其加以有效遏制，则病原微生物的数量就能达到对家蚕饲养造成危害的程度。虽然各种药剂按标准浓度和药量使用都在家蚕能够耐受的范围内，但频繁使用小剂量消毒一方面不足以遏制病原微生物繁殖，另一方面对家蚕食桑、生长发育等不是很有利，且增加消毒用工数量。因此，饲养期间应采用“足量定期”的预防消毒方法。这里的“量”就是指家蚕不同发育阶段（龄期）的安全浓度、用药量和正确的用药方法；这里的“期”一般情况下指的是家蚕各龄蚕病的“易感期”。

156. 养蚕期间日常的防病卫生工作主要包括哪些内容？

养蚕期间人员的进出、用具的移动、蚕沙等废弃物的处理，往往成为病原微生物传播扩散的媒介。因此，在认真做好养蚕前蚕室蚕具和周围环境消毒的同时，养蚕期间的日常防病卫生工作是减少蚕病发生的重要一环，应与蚕体蚕座消毒放在同等重要的地位来抓。

（1）由于目前农村种桑养蚕大多作为一项附带产业来从事，饲养人员除养蚕外，还从事其他农活或进厂、经商等工作，难免会携带病原或接触农药等有毒有害物质。所以在采叶、给桑等饲养操作前要先洗手，如事前接触过农药等有毒有害物质的（如田间喷药，从事有毒有害物质生产、包装等），则应沐浴更衣后再进入蚕室。

（2）每次除沙后的蚕网要消毒、曝晒，以避免病菌滋生；贮桑室及各类用具要保持清洁，定期进行消毒，且未受有毒有害物质污染。

（3）养蚕区域内病原物容易黏附在鞋底上而带入蚕室，所以最好能养成换鞋入室的习惯，或在蚕室出入口撒上一层新鲜石灰粉，并定期补充或更新。

（4）病蚕及尸体是最大的污染源，蚕室中要准备一只盛有石灰粉或漂白粉等消毒液的容器，饲养中发现的病死蚕要及时将其投入容器内，并不定期作深埋处理，不能随便乱丢。

（5）对蚕沙要妥善处理，不要在蚕室门口或附近摊晒，更不能存放在蚕室内。对发生过蚕病的蚕沙一定要在远离蚕室的地方挖坑深埋或堆沤处理，以减少对周围环境的污染。

157. 良桑饱食和适当稀放饲养与蚕病发生有何关系？

所谓良桑就是能满足各龄蚕生长发育所需营养的桑叶；所谓饱食就是能提供家蚕生长发育所需要的叶量。由于桑叶是家蚕幼虫期生长发育唯一的营养来源，所以良好的叶质和充足的叶量，有利于家蚕体质的强健和抗病力、抗逆力的增强。如果各龄用叶偏嫩或偏老；大量使用虫粪叶、虫口叶和农药、废气污染叶，或因运、贮不当干瘪、蒸热、变质的桑叶；用叶量或给桑次数减少等，那么往往造成家蚕生长发育不良、体质虚弱，从而容易诱发和感染蚕病。而蚕座内饲养密度过高（特别是大蚕期），家蚕胸腹足的钩爪相互扒抓容易产生创伤，导致感染细菌性败血病和血液型脓病等。所以适当稀放既有利于蚕茧张产提高，又能减少蚕体创伤，降低蚕病发生和个体间病原传染的几率。

158. 大蚕期高温高湿与蚕病发生有何关系？

家蚕属变温动物，对高温高湿的耐受力随着龄期的增加而逐渐减弱，特别是眠中（主要是3龄眠中和4龄眠中）高温高湿环境对家蚕的危害更大。饲养期间当蚕室温湿度超过家蚕所能承受的范围时，家蚕生长发育受阻、体质下降、抗病力减弱，所以实际生产中蚕病大多流行于夏秋期较长时间的高温过程或高温冲击以后。家蚕通过呼吸和排泄来调节体内水分平衡，当环境湿度或桑叶含水率高时，就会影响蚕体的正常代谢，导致家蚕抗病力下降。此外高温高湿环境又为各种病原微生物提供了良好的生存和繁殖条件，使养蚕环境中病原微生物的数量增加。所以5龄期大范围的蚕病暴发往往都与当地当时高温高湿的天气相伴。

159. 分批提青、淘汰弱小蚕和除沙、薄蕪就眠在防病中有何作用？

分批提青、淘汰弱小蚕的意义在于将原来处于同一环境中不同发育程度和健康水平的家蚕群体，通过人为的技术处理加以区分开来，并采取相对应的饲养管理技术措施分别对待。迟眠蚕、弱小蚕往往体弱甚至患病，通过分批提青处理，首先可确保大批蚕安全饲养，同时又能照顾到发育偏慢且基本健康的家蚕群体，在很大程度上消除了有病个体带来的传染隐患。其次可使同一蚕座内的家蚕尽可能发育整齐，以方便眠起处理和适熟上蔟。除沙的作用是在清除蚕粪和残桑的同时，可将混在其中的绝大多数病原物一起清理出蚕座，以减少蚕座内病原物数量，可以说是化学消毒的补充，一举两得。薄蕪就眠就是通过各龄适时加眠网后的眠除沙，最大限度地减少蚕座内的残桑量，降低蚕座湿度，避免眠中蚕座蒸热和病原微生物繁殖，从而防止家蚕饷食期感染病原。

160. 蚕室通风换气在防病中有何作用？

家蚕通过气门进行呼吸，绝对呼吸量随着蚕体增大而增加。小蚕期适宜高温高湿环境，对空气需求量不大，且桑叶嫩、易干瘪，所以只需在每次给桑前适当通风换气即可。而大蚕期随着饲养面积的扩大，很难将蚕室温湿度人为调节到适温适湿范围内（特别是夏秋蚕）。同时，大蚕期一方面呼吸作用旺盛，需要更多的新鲜空气；另一方面食桑量的增加，会使蚕座内残留的蚕粪和残桑在厌氧细菌作用下产生一些对家蚕有害的气体。所以，大蚕期关门关窗饲养比单纯的高温危害更大，必须经常性地打开门窗通风换气。通过微气流的对流交换，既可补充蚕室内新鲜空气，又能稀释和驱散室内有害气体，还能干燥蚕座。因此有“大蚕靠风”的说法。

161. 为什么说“桑园虫多，蚕室病多”？

桑园中常见的食叶昆虫如桑尺蠖、桑螟、桑毛虫、野蚕等，在生物分类学上与家蚕同属鳞翅目。这些害虫在自然状态下也会感染病毒病、细菌病、真菌病和微粒子病等传染病，其中部分病原对家蚕也有致病作用，或者有可能在害虫和家蚕间相互交叉传染。因此，桑园虫害多时，一方面发病昆虫的尸体、粪便和渗出液等可污染桑叶，导致家蚕食下后会感染发病；另一方面虫害发生严重的桑园，不仅虫粪叶、虫口叶多，而且叶质低劣、营养差，家蚕在长期得不到良好饲料的情况下，体质和抵抗力下降，容易感染各种蚕病。

162. 什么是“回山消毒”？

俗称的“回山消毒”就是指一个蚕期结束后的蚕室蚕具及周

围环境消毒。其目的是趁饲养和上蔟环境中病原物尚未大量扩散的时机，对病原物进行集中清理消毒，以大幅度压低病原物基数，并有效控制病原的逐步扩散。主要做法是：采茧后及时清除蚕室内和蚕具上的死蚕、烂茧、蚕沙等，然后对蚕室、蔟室、贮桑室及蚕具等打扫清洗后用药剂消毒；对用过的旧蔟具等不再利用的废物要立即集中烧毁，需继续使用的物品要在阳光下曝晒或消毒后妥善保管。

163. 蚕病的综合防治包括哪些内容？

蚕病（主要是传染性蚕病）的发生和蔓延与病原微生物的存在、蚕的体质、环境条件等多种因素密切相关，所以单纯从一个方面来控制蚕病的发生是不现实的，必须在掌握蚕病发生原因、发生规律和防治方法等知识的基础上，坚持“预防为主、综合防治”的原则。蚕病的综合防治主要包括以下5个方面的内容。

（1）严格消毒，减少病原，切断传染源。防病消毒必须贯穿养蚕生产全过程，切实抓好养蚕前、饲养中和蚕期结束后的消毒工作。养蚕前蚕室蚕具及周围环境消毒是减少蚕病发生的基础，必须认真做好、做到位。饲养期间在抓好常规防病消毒工作的同时，要通过分批提青和淘汰病小蚕来控制蚕座内个体间的传染；注重人员、蚕室、贮桑室和环境的卫生及消毒工作，防止病原污染甚至扩散；病死蚕不能随意乱丢，要投入盛有消毒药剂的容器内，然后进行集中深埋处理。养蚕结束后的消毒是有效防止病原扩散、消除下一期蚕饲养中蚕病发生隐患的一项重要工作，切不可忽视。

（2）重视各环节的技术处理，增强蚕的体质。蚕病的发生与蚕的体质（即抵抗力）密切相关，特别是病毒病，所以生产上必须采取综合技术措施来增强蚕的抵抗力。一是要根据当地气候特点、桑树生长和农作物治虫等情况，从有利于防病消毒、饲养期间的温湿度调节、桑叶的合理利用和避免农药中毒事故发生等方面出发，科学合理地布局好全年的蚕期。二是要选择适宜当地不同季节饲养的蚕品种。三是要加强催青技术处理，特别要防止因蚕种运输途中堆积蒸热、日晒雨淋或接触有毒有害气体，而造成蚁蚕体质下降。同时，要通过推广小蚕共育，促使小蚕期发育整齐、体质强健。四是饲养期间要重视桑叶采、运、贮工作，确保桑叶适熟、新鲜，以提高蚕的食下率和食下量，增强蚕的体质；加强眠起处理，做到适时提青，薄蕠就眠，严防眠中高温高湿天气危害；调节好蚕室温湿度，改善室内小气候，努力为各龄蚕生长发育提供适宜的饲养环境。

（3）抓好桑园治虫，减少交叉传染。桑叶是养蚕生产中不可缺少的物质条件，如桑园治虫工作不抓好，则不仅影响桑叶的产量和质量，而且往往会造成一些病原在桑园害虫与家蚕间相互交叉传染，从而给养蚕防病工作增加难度。

（4）净化养蚕环境，严防农药、废气中毒。家蚕农药、废气中毒后体质下降，往往成为传染性蚕病发生的一个诱导因素。因此，蚕区在规划新建工业企业或垃圾、污水处理场所时，环境评价应把蚕座安全作为一项重要内容，并尽量避开或远离蚕桑密集产区。已存在的对种桑养蚕有危害的企业，要加强对废气、废液的治理，严防污染危害。农药污染主要来自于桑园治虫和其他农作物治虫，所以一方面桑园治虫用药要按技术部门推荐的药种、浓度使用，防止因擅自改变药种、提高浓度后引发家蚕中毒；另一方面要避免毗邻农作物用药治虫污染桑叶，造成家蚕中毒。

（5）正确诊断蚕病，及时用药处理。饲养期间在给桑、除沙、提青等操作时，要通过对家蚕食桑及活动状况、粪便形状、眠起整齐度和青头蚕、迟眠蚕等的观察，及时发现蚕病苗头，并根据各种蚕病特有的病症进行正确诊断，从而在隔离、切断传染源的基础上，选用针对性药剂消毒等技术措施加以有效控制。

六、常见蚕病

164. 什么是病毒病？生产上主要有哪几种？

由病毒侵入蚕体内寄生、增殖引发的蚕病统称为病毒病。目前已发现的家蚕病毒病有4种，即由细胞质型多角体病毒（CPV）感染引发的中肠型脓病；由细胞核型多角体病毒（NPV）感染引发的血液型脓病；由传染性软化病毒（FV）感染引发的病毒性软化病；由浓核病毒（DNV）感染引发的浓核病。其中血液型脓病和中肠型脓病在养蚕生产上发生最多，危害最大。

165. 血液型脓有哪些症状特点？

血液型脓病俗称“水白肚”，主要通过食下传染，但游离态病毒可通过伤口传染。生产上多发于3龄后，特别是5龄中期到上蔟前后发生较多，大多不能吐丝结茧，即使部分病蚕能营茧，也会成为死笼茧。其症状为：体躯肿胀节间高，狂躁爬行不安定，皮肤易破流白脓，表现为不眠蚕（难以就眠）、高节蚕（节间膜隆起，形如竹节）、脓蚕（体壁发亮，呈乳白色）、黑斑蚕（腹足呈黑褐色，气门周围出现黑褐色圆形病斑）等。病程：小蚕一般3～4天；大蚕一般4～6天。温度越高，发病死亡越快，属亚急性传染病。病变主要在血液，正常蚕血液为淡黄色、呈透明状，感染该病的蚕血液混浊、呈乳白色。只要剪去家蚕尾角观察其血液状况就能诊断该病，这是肉眼判别该病的重要依据。

166. 中肠型脓有哪些症状特点？

中肠型脓病俗称“干白肚”，主要通过食下传染。其症状为：

食桑、行动不活泼，常静伏于蚕座，生长发育缓慢，群体开差悬殊，大蚕期病蚕胸部半透明呈“空头”状，伴有起缩、下痢，严重时排出的粪便有乳白色黏液。病程：一般1龄感染的至2～3龄发病；2龄感染的至3～4龄发病；3龄感染的至4～5龄发病；4龄感染的至5龄发病；5龄期中后期感染的基本可吐丝结茧，但部分为死笼茧。病势慢、病程长是该病的特点，故属慢性传染病。生产上大多在3、4龄感染，到5龄饷食后逐步大量发生。病变主要在中肠，撕破家蚕背部体壁可以看到中肠上有乳白色褶皱，严重时整个中肠呈乳白色。而健康蚕中肠透明，内有墨绿色桑叶残渣。这是肉眼判别该病的重要特征。

167. 病毒性软化病有哪些症状特点？

病毒性软化病主要通过食下传染。其症状为：食桑减少，发育不良，眠起不齐，个体间开差较大，出现“空头”症状和起缩症状，有时伴有下痢、吐液等，死后尸体扁瘪。“空头”症状出现在各龄的盛食期，大蚕期较多，患病蚕食桑很少，体色失去原有的青白色，从胸部呈半透明状逐渐发展到全身呈半透明状，排稀粪或污液，死后尸体软化。起缩症状表现为饷食1～2天内食欲减退，体色灰黄不转色，体壁多皱，排黄褐色稀粪或污液，萎缩而死。病程因蚕的龄期、感染病毒的数量及伴发性肠道细菌的繁殖情况等因素而长短不一，属慢性传染病。家蚕感染该病后中肠不呈乳白色，消化管内空虚，充满黄绿色半透明消化液。其症状与细菌性肠道病相似，在外观上很难区别，所不同的是该病传染性强、病势严重、不易控制。

168. 浓核病有哪些症状特点？

浓核病主要通过食下传染。其症状为：食桑、发育缓慢，群体不齐、开差大；随着病势的加重，食桑停止，静伏不动，胸部半透明呈“空头”状。撕破家蚕背部体壁可以看到中肠内为黄绿色半透明消化液，几乎没有桑叶。该病外观症状及中肠表现与病毒性软化病十分相似，肉眼诊断区分困难。病程一般在7天左右，属慢性传染病。

169. 如何预防病毒病的发生?

家蚕病毒病是生产上发生最普遍、危害最严重的传染病，也是养蚕过程中防治的重点。其病原主要来自于病蚕及野外患病昆虫的排泄物、尸体和受污染的蚕室蚕具、周围环境等，与野外昆虫存在交叉传染。所以在预防上必须根据其传染途径和发病规律等，采取全方位的防治措施，才能起到良好的效果。

(1) 合理养蚕布局，切断垂直传染。尽量避免蚕期的交叉重叠，确保上下蚕期有一定的间隔时间进行蚕室蚕具消毒，减少养蚕环境中病原的残留量，切断病原的垂直传播途径。

(2) 严格防病消毒，减少水平传染。在认真做好养蚕前蚕室蚕具及周围环境消毒、最大限度地杀灭病原的基础上，养蚕期间要高度重视蚕体蚕座经常性的防病消毒工作，除了各龄饷食用防病一号消毒外，蚕体蚕座要多撒新鲜石灰粉进行消毒，做到小蚕期每给一次桑撒一次，大蚕期每天撒一次，严防病原在蚕座内扩散蔓延。

(3) 控制桑园虫害，防止交叉传染。桑园中多种鳞翅目害虫也感染病毒病，许多病原与家蚕相互传染，患病害虫的尸体、排泄物等污染桑叶，家蚕食下后感染发病。因此，加强桑园治虫，降低虫口密度是控制病毒病发生的重要措施之一。

(4) 严格分批提青，防止蚕座传染。家蚕发病都有一个从个体到群体、从局部到整体的过程，所以饲养中要及时淘汰发育缓慢、迟眠迟起的蚕，并挖坑深埋，不能乱丢，以控制病原在蚕座内传染。

(5) 加强饲养管理，增强蚕的体质。要重视各龄眠起处理，严防眠中高温闷热危害；饲养中要通过蚕室温、湿、气的调节和优质桑叶的选采、农药及废气污染的控制，来增强蚕的体质，减少或延缓病毒病的发生。

（6）选用抗病力较强的蚕品种。不同蚕品种对病毒病的抗性存在一定差异，各地可根据养蚕季节的气候特点和饲养管理水平等情况，选择饲养不同的蚕品种。

170. 什么是细菌病？生产上主要有哪几种？

由细菌侵入蚕体内寄生、繁殖引发的蚕病统称为细菌病。根据病原菌的类型可分为：细菌性败血病、细菌性中毒病和细菌性肠道病。其中细菌性败血病根据病原菌和家蚕感染后症状表现上的不同，分为黑胸败血病、青头败血病和灵菌败血病。

171. 细菌性败血病有哪些症状特点？

细菌性败血病主要通过创伤传染。其症状为：食桑停止，行动呆滞或静伏蚕座，胸部略膨大，腹部各环节收缩，少量吐液，最后痉挛侧倒而死。初死时有短暂尸僵现象，胸足伸直，腹足后倾，体色与正常蚕差异不大。经数小时后尸体逐渐软化变色，并因病原菌种类的不同而呈现不同的特征。其中黑胸败血病先在胸部背面或腹部第1～3环节出现墨绿色尸斑，并很快扩展至前半身，直至全身变黑，最后全身腐烂流出黑褐色污液。青头败血病5龄初发病胸部大多不出现气泡，血液混浊、呈灰白色，最后尸体流出有恶臭污液；5龄中、后期发病，死后不久胸部背面出现绿色半透明块状尸斑，尸斑下有气泡，但不变黑。灵菌败血病家蚕体壁上有时出现褐色小圆斑，尸体变色较慢，最后流出红色污液。病程一般在28℃左右时约10小时；25℃左右时约1天。温度越高，发病死亡越快，属急性传染病。

172. 细菌性中毒病有哪些症状特点？

细菌性中毒病又称卒倒病，主要通过食下传染。食下大量毒素时表现为急性中毒，食下亚致死剂量毒素时表现为慢性中毒。其症状为：急性中毒时食桑突然停止，前半身抬起，胸部略膨大，吐少量液，有痉挛性颤动，侧卧而死。初死体色不变，手触尸体有硬块，后部空虚，有轻度尸僵现象，头部缩入呈钩嘴状。慢性中毒时食欲减退，发育迟缓，尾部空虚，排不正形粪或红褐色污液，并陆续侧卧死亡。病程：急性中毒数十分钟至数小时；慢性中毒一般3天左右。

173. 细菌性肠道病有哪些症状特点？

细菌性肠道病又称细菌性软化病或细菌性胃肠病，俗称空头病或起缩病，属慢性病，主要通过食下传染。其症状为：食欲减退，行动不活泼，生长缓慢，发育不齐。饷食后食桑不旺或不食桑，体色土黄，皮肤多皱、呈“起缩”状；消化管前半部分无桑叶而充满体液，胸部半透明、呈“空头”状；排不整形粪、念珠粪或稀粪，呈“下痢”状。该病大多症状与病毒性软化病相似，不同的是只要改善饲育条件、添食抗生素后就会明显好转，对生产不会造成严重危害。

174. 如何预防细菌病的发生？

根据细菌病的发病规律和传染途径，生产上预防细菌病发生应采取以下措施。

（1）认真做好消毒工作。养蚕前要选择广谱性消毒剂对蚕室蚕具及周围环境进行彻底消毒；养蚕中在常规蚕体蚕座消毒的基础上，定期用抗生素进行预防性添食。

（2）仔细操作，防止蚕体创伤。在给桑、除沙、扩座、上蔟等过程中，不能粗放操作，以免蚕体产生伤口。特别是地蚕育或蚕台育采用伞形蔟直接上蔟的，蔟草务必提前在阳光下反复摊散曝晒。

（3）加强饲养管理，注意环境卫生。要重视蚕室、贮桑室等环境的消毒，避免桑叶久贮或蒸热，及时妥善清理病死蚕。同时，饲养中要勤除沙、多通风、少用湿叶，经常用新鲜石灰粉消毒干燥蚕座，防止蚕座蒸热高湿，减少细菌滋生繁殖。

（4）防治好桑园虫害。患病昆虫尸体和粪便污染桑叶后，容易造成家蚕感染。所以一方面要重视桑园虫害防治工作，减少桑园虫量；另一方面不采虫粪叶、虫口叶，必须使用这些污染叶时，要用0.3%有效氯漂白粉液进行叶面消毒。

（5）应用药物防治。常用的氟哌酸、红霉素等抗生素对细菌性败血病、细菌性肠道病有较好的预防和治疗效果。预防用药3～4龄盛食期添食1次、5龄盛食期添食2次；发病时每隔8～12小时添食1次，连续2～3次，可基本控制病情。用药时应按所用抗生素的使用说明选择预防浓度或治疗浓度进行配制操作。

175. 什么是真菌病？生产上主要有哪几种？

由真菌侵入蚕体内寄生、繁殖引发的蚕病统称为真菌病，俗称僵病。真菌病种类很多，根据病蚕僵化后尸体上长出的分生孢子颜色的不同，分别命名为白僵病、绿僵病、黄僵病、灰僵病、黑僵病、赤僵病等；也有以病原菌的名称来命名的，如曲霉病。生产上常发的真菌病主要有白僵病、绿僵病和曲霉病。所有真菌病都是通过接触进行传染，即真菌分生孢子落附于蚕体上，在适宜的温湿度条件下，发芽穿过体壁进入蚕体，吸取营养，分泌毒素，致蚕死亡。

176. 白僵病有哪些症状特点？

白僵病感染初期外观上无特异病征，只是反应迟钝，行动稍呆滞。随着时间的推移，蚕体上常出现油渍状或细小针点病斑。临死前排软粪，少量吐液。死后头胸伸出，身体柔软略有弹性，有的体色略带淡红色或桃红色，随后尸体逐渐硬化。1～2天后，在气门及节间膜等处先长出白色气生菌丝，并逐渐增多，遍布全身；最后菌丝上长出无数白色分生孢子覆盖全身。如眠中感染多为半蜕皮或不蜕皮蚕；蛹、蛾期也会感染。病程一般1～2龄2～3天；3龄3～4天；4龄4～5天；5龄5～6天。

177. 绿僵病有哪些症状特点？

绿僵病常发于晚秋期。感染初期无明显病征，后期食欲减退，行动呆滞，蚕体腹侧或背面出现黑褐色不整形轮状或云纹状病斑，外围较深，中间稍淡。初死时身体呈乳白色、略有弹性，头胸伸出，尸体逐渐硬化。2～3天后长出气生菌丝和鲜绿色分生孢子覆盖全身。眠前发病体壁紧张，体色乳白、发亮，类似于血液型脓病，但皮肤不易破，也不乱爬。发病经过较白僵病缓慢，感染后7～10天发病死亡。

178. 曲霉病有哪些症状特点？

曲霉病多发于蚁蚕及1龄期，感染发病率逐龄降低，大蚕期发病较少，一般只是零星发生。由于曲霉菌不形成芽生孢子，所以该病与其他僵病明显不同的是：病菌只局部寄生，尸体只局部硬化和局部长出气生菌丝和分生孢子。蚁蚕感染后不食桑、不活动，伏于蚕座残桑下很快死亡；死后在分生孢子侵入部位的体壁往往出现缢束凹陷，1天左右尸体上长出气生菌丝和分生孢子。小蚕发病（特别是1～2龄）由于蚕体小，在实际生产中很难及时察觉，往往要到除沙时才被发现。大蚕期感染后，蚕体上出现1～2个褐色大病斑，病斑较硬，位置不定，多在节间膜或肛门处。死前头胸伸出，吐液。死后仅病斑周围局部硬化并长出气生菌丝和分生孢子，其他部位不硬化而逐渐腐烂变黑。蛹和蚕卵也会感染该病。病程：小蚕1～2天；大蚕2～4天。

179. 如何预防真菌病的发生？

各种真菌分生孢子的发芽和生长与温湿度密切相关，其适温范围与家蚕饲养温度基本一致，适宜相对湿度为90%～100%，低于70%时不能发芽。同时各种真菌病原在野外昆虫与家蚕间存在相互传染。因此，生产上预防真菌病，必须根据其发生规律和传染途径采取相应的消毒防病措施。

（1）养蚕前用广谱性消毒药剂对蚕室蚕具进行全面彻底消毒，消毒后打开门窗通风排湿，所有蚕具在阳光下曝晒，防止因潮湿发霉。

（2）养蚕期间要用防病一号、漂白粉防僵粉或消力威防僵粉、熏消净等药剂，在蚁蚕、各龄起蚕和熟蚕等易感期进行蚕体蚕座消毒或熏烟消毒。发生僵病后要用防僵药剂每天消毒1～2次，直至不出现僵蚕为止。病死蚕要在尚未长出气生菌丝前进行深埋处理，防止病原扩散。

（3）加强蚕室通风换气，勤除沙，多用吸湿材料干燥蚕座，尽量降低环境及蚕座湿度。

（4）抓好桑园虫害防治，切断交叉传染途径。

（5）蚕区禁止生产、使用真菌类生物农药。

180. 微粒子病有哪些症状特点？

微粒子病是唯一一种可通过胚胎进行传染的蚕病，也能食下传染。该病病程较长，属全身性感染的慢性病，病原为原生动物中的家蚕微粒子虫。其症状总体表现为群体发育不齐、大小不匀，尸体不易腐烂等。其中胚胎感染的收蚁后数天不疏毛，体躯瘦小，发育缓慢，重者当龄死亡，轻者至2～3龄死亡。蚁蚕食下感染的，症状与上述基本一致，但多出现迟眠蚕或不眠蚕。2～3龄感染的，可延续到大蚕期发病，表现为饷食后皮肤皱缩、呈锈色的起缩症状；体壁上有微细不规则黑褐色病斑，大多出现在胸腹足外侧、气门周围和尾角部位；体质虚弱，蜕皮困难，往往成为半蜕皮蚕或不能蜕皮死于眠中。严重感染的蚕大多不能吐丝结茧，少数结薄皮茧或畸形茧；轻度感染的蚕能结茧、化蛹和羽化，产下的蚕卵带有病原，从而导致胚胎传染。撕破病蚕背部体壁，用肉眼可以观察到丝腺上有乳白色脓疱状斑块，这是该病最典型的病变，是其他蚕病所没有的。

181. 如何预防微粒子病的发生？

家蚕微粒子病是养蚕生产中最为严重的一种疫病，主要危害种茧育生产，在丝茧育生产上一般不会发生。根据该病有胚胎传染和食下传染两条途径的特点以及发生、流行规律，加强蚕种质量监管，生产无毒（未感染家蚕微粒子病）蚕种，是预防该病发生的根本性措施。

（1）严格母蛾检验。母蛾检验是生产无毒蚕种的关键，必须按照相关规定和标准，认真做好抽样、袋蛾、储藏、磨蛾、镜检等每一环节的工作，对经检验微粒子病蛾率超标的蚕种必须彻底淘汰，作烧毁处理。

（2）重视补正检查。所谓补正检查就是从母蛾检验合格的蚕种中，随机抽取少量蚕卵提前进行催青，蚁蚕孵化（或饲养一段时间）后进行微粒子病检查。其目的是防止母蛾检验过程中出现差错。

（3）严格消毒，做好预知检查。全面、严格、有效的消毒工作是预防微粒子病发生的重要保证，原蚕饲养前要对蚕室蚕具、贮桑室及周围环境等进行彻底消毒，努力减少养蚕环境中微粒子虫孢子的数量；饲养期间要认真抓好蚕体蚕座消毒和必要的叶面消毒工作。同时，在原蚕生产过程中，要对迟眠蚕、桑叶等进行预知检查，一旦发现问题，可及早采取措施，以避免病原扩散，减少损失。

（4）患病蚕的粪便、蜕皮物和鳞毛等废弃物均携带病原，所以生产过程中要妥善处理，并及时淘汰迟眠蚕，做好“五选”（选蚕、选茧、选蛹、选蛾、选卵）工作，注意环境卫生，防止蚕座内传染和病原扩散。

182. 为什么丝茧育生产上基本不会发生微粒子病危害？

家蚕微粒子病由于具有胚胎传染的特性，感染微粒子病的蚕种孵化后在蚕座内相互传染是该病大面积发生的主要原因，所以是养蚕生产上的一种毁灭性病害，世界上养蚕国家都把微粒子病列为检疫对象。检疫方法主要是用显微镜对产卵母蛾进行检查。我国的母蛾检查工作主要由省级业务主管部门统一组织实施，建有严格的操作规程和相关制度，经母蛾检查确定为微粒子病蛾率超标的蚕种一律就地烧毁。因此，农户只要饲养经检疫合格的蚕种，胚胎传染几率就会极低，小蚕期基本上不存在蚕座内相互感染的可能。即使在大蚕期少量食下感染，因其潜伏期长，故大多数蚕仍能上蔟结茧，不会产生大的影响。因此，丝茧育生产上基本不会发生微粒子病危害。

183. 蝇蛆病有哪些症状特点？

蝇蛆病是由多化性蚕蛆蝇将卵产于蚕体表面，孵化后幼虫（蛆）钻入蚕体内寄生而引起的非传染性蚕病，家蚕3～5龄及蔟中均有被寄生危害的可能。该病全年各蚕期均有发生，尤以夏秋期危害严重。家蚕被寄生后体壁上可见黑褐色喇叭状病斑，初期较小，寄生位置以腹部节间和下腹面居多。随着蛆体的长大不仅病斑逐渐明显，而且蚕体出现肿胀或向一侧扭曲，有时蚕体会变成紫色，易被误认为败血病。5龄前期寄生的蚕，一般都有早熟现象；5龄后期寄生的蚕可上蔟营茧或化蛹。结茧后如蛆体蜕出，则蛹体死亡，成为死笼茧或蛆孔茧。

184. 如何防治蝇蛆病？

蝇蛆病是所有蚕病中比较容易防治的一种非传染病。生产上主要通过药剂防治，辅以农业防治来减轻其危害。

（1）药剂防治。使用“灭蚕蝇”防治家蚕蝇蛆病效果良好，无论添食还是体喷，只要达到足够剂量，均能迅速将寄生的蝇蛆杀死。使用时药剂要注意摇匀，加水后充分搅拌，并根据成品有效成分含量，按体喷300倍、添食500倍配制。体喷一般在给桑前进行，使用方便，既能杀卵又能杀蛆，但会造成蚕座潮湿，所以喷洒时以蚕体刚湿润为度。添食按稀释液与桑叶1∶10左右的比例均匀喷于桑叶后使用，对寄生于蚕体内的蛆体杀灭效果较好，但杀卵效果较差。一般4龄期使用1～2次；5龄期使用3次左右；蚕蛆蝇多发时上蔟前再使用1次。需要注意的是：使用“灭蚕蝇”前后4～6小时内，不宜在蚕座上撒新鲜石灰粉等碱性药剂，以免降低药效。

（2）农业防治。应给蚕室门窗安装防蝇纱，以防蚕蛆蝇飞入室内；早熟蚕应分开上蔟、售茧，及时烘茧，以减少蛆孔茧。

185. 蒲螨病有哪些症状特点？

蒲螨病是由球腹蒲螨等寄居在家蚕幼虫、蛹、蛾体表，注入毒素引起家蚕中毒致死的一种急性非传染病，主要危害幼龄蚕，大蚕期危害较少。家蚕受害后食欲减退，举动不活泼，胸部膨大并左右摇摆，吐液，排粪困难，有时排念珠粪，尸体一般不腐烂。不同发育阶段的蚕受害后表现的症状略有差异，其中1～2龄蚕受害后立即停止食桑，吐液痉挛，头部突出，胸部膨大，静伏不动，经数小时至十多小时死亡。3龄蚕受害后发育不齐，体色灰黄，有起缩、缩小症状，尾部呈红褐色，常流出红褐色黏液污染肛门，最后腹足失去抓着力倒卧而死。大蚕期受害病势缓慢，多出现起缩、缩小、脱肛等症状，胸、腹部褶皱处及腹面常有黑斑，尾部被黑褐色或红褐色黏液污染。眠蚕受害后头胸摆动、吐液，黑斑明显，常成不蜕皮或半蜕皮蚕而死亡。蛹期受害不能羽化；蛾期受害症状不明显。

诊断该病可将蚕及蚕沙放在深色光面纸上轻轻抖动数次，如有淡黄色针尖大小的螨爬动，再用小滴清水固定，用放大镜即可观察到雌成螨。

186. 如何预防蒲螨病的发生？

球腹蒲螨寄主广泛，能寄生于鳞翅目、鞘翅目、膜翅目等昆虫的不同发育时期，以棉花红铃虫为最喜好寄主。所以该病多发于产棉区及相邻蚕区，产粮区也时有发生。生产上要防止该病危害，除了努力减少养蚕环境中的寄主数量外，还必须做好以下工作。

（1）蚕室、蚕具及周围环境不要储藏或堆放棉花、稻草、麦秆和谷物等，养蚕中如用稻草、麦秆等作垫料时，必须事先在阳光下反复摊散曝晒。

（2）熏烟消毒杀螨效果良好，所以在家蚕蒲螨病常发区域，养蚕前蚕室蚕具消毒时，在常规水剂消毒的基础上，应再用硫黄等熏烟剂消毒杀螨。

（3）饲养过程中发生螨害后，要及时用“灭蚕蝇”稀释液（1 龄 1 000 倍，2 龄 500 倍，3 龄 300 倍）喷洒蚕体蚕座驱螨，并立即加网除沙更换蚕室蚕具。对用过的蚕室蚕具要用熏烟消毒剂进行 2 小时左右的密闭熏烟杀螨；蚕室周围环境用“灭蚕蝇”300 倍喷雾驱螨。

187. 家蚕氟化物中毒有哪些症状特点？

家蚕食下含有高于 30 毫克/千克浓度氟化物的桑叶后就可能破坏其生理机能，出现中毒症状。生产上一般多发于 3 龄期，中毒后表现为食桑非常缓慢，发育相当不齐，就眠明显推迟，龄期经过延长，身体略呈锈色。严重中毒时蚕体节间膜隆起似竹节，且节间膜处出现黑色点状病斑，随着中毒程度加重，病斑由点状连成环状，容易破裂。死后尸体呈黑褐色、不易腐烂。

188. 氟污染区怎样的天气条件容易造成家蚕氟化物中毒?

氟化物主要来源于钢铁、制铝、磷肥、玻璃、陶瓷、砖瓦、水泥等企业含氟废气的排放，通过桑叶呼吸作用进入组织内部或附着于桑叶表面。家蚕氟化物中毒程度除与区域内企业氟化物的排放量有关外，还与当地养蚕前和蚕期中的天气条件关系密切。通常情况下，晴热少雨、气压高的天气，氟化物容易扩散，且桑叶生理活动旺盛，会吸收更多的氟化物，故一般家蚕中毒面较广；阴霾、细雨或气压低的天气，虽氟化物扩散面相对缩小，但局部区域内的氟化物浓度较高，故家蚕中毒程度较重；在晴雨相间且雨量较大时，大气中的氟化物部分可溶解于水，叶片表面的含氟粉尘能被雨水冲刷，故家蚕中毒程度往往很轻甚至没有明显中毒症状出现。此外，风向、风速能导致污染源附近的局部区域内家蚕中毒程度呈现明显的梯度差。

189. 如何预防家蚕氟化物中毒的发生?

家蚕氟化物中毒与当地大气环境、饲养期气候、采叶叶位和蚕品种等因素密切相关，所以生产上必须采取综合防治措施，控制氟化物污染，避免家蚕中毒事故的发生。

(1) 企业排放的含氟废气对家蚕的危害程度，取决于企业的产品种类、生产规模、烟囱高度和排放量等。所以蚕区要合理规划企业和桑园布局，两者最好有1千米以上的距离，同时相关职能部门要督促企业切实抓好“三废”的治理工作。

(2) 重点蚕区在养蚕期间，排氟企业（特别是砖瓦厂、水泥厂等）要提前限时、限期停火停产，以降低大气氟化物浓度。

(3) 加强桑叶含氟量监测，随时掌握桑叶受污染程度，以便及时采取相应措施。

(4) 桑叶含氟量与桑叶生长时间呈正相关，即氟化物在桑叶内有积累效应。同时，家蚕的抗氟能力与龄期也呈正相关，即随着龄期的增加而增强；同龄蚕盛食期较强、饷食和将眠期较弱。所以氟污染区3龄期应尽量不用生长时间较长的三眼叶，将眠和饷食期应提高采叶叶位或使用无污染桑叶。

（5）不同蚕品种抗氟性存在较大差异，所以氟污染严重区域应饲养抗氟性较强的蚕品种。

190. 家蚕氟化物中毒后应如何处理？

氟化物在蚕体内积累有一个渐进过程，蚕体本身也有一定的排毒功能，所以在一定条件下家蚕氟化物中毒具有可逆性。只要蚕体上未出现环状黑斑等严重中毒症状，改用清洁桑叶后能逐渐恢复，并可吐丝结茧。因此，养蚕期间一旦出现发育不齐、就眠推迟等明显的氟化物中毒症状时，应采取以下技术措施。

（1）及时更换新鲜无污染桑叶，严格分批，适当降低饲育温度，认真做到分级管理，不能盲目弃管倒蚕。

（2）用1%～2%新鲜石灰水或清洁水浸洗污染桑叶晾干后喂蚕，能起到一定的缓解作用。盛食期可交替使用浸洗后的桑叶与无污染桑叶。

（3）氟化物中毒后蚕体虚弱，必须加强饲养期间蚕室内温湿度的调节，重视防病消毒，严防诱发传染性疾病。

191. 家蚕有机磷杀虫剂中毒有哪些症状特点？

有机磷农药是使用最广、品种最多的一类杀虫剂，生产上主要用于防治小麦、水稻、棉花、蔬菜、果树、茶树、桑树、烟草等作物上的多种害虫。常用的有敌百虫、敌敌畏、杀螟松、辛硫磷、马拉松、毒死蜱、三唑磷、丙溴磷等等。大多数药剂均具有胃毒、触杀作用，某些药剂还有内吸或熏蒸作用。不同药剂的杀虫谱、持效期和毒性等特点差异较大，如敌敌畏、辛硫磷持效期短；三唑磷、丙溴磷持效期则很长；乐果、马拉松对家蚕毒性较低。

家蚕中毒后，胸部膨大，到处乱爬，身体翻滚、痉挛，大量吐液污染全身和蚕座。有的排红褐色污液，有的有脱肛现象。最后身体明显缩短，侧倒而死。

192. 家蚕拟除虫菊酯类杀虫剂中毒有哪些症状特点？

拟除虫菊酯类农药是模拟天然除虫菊素化学结构人工合成的系列杀虫剂，对人畜低毒、对昆虫有强烈触杀和胃毒作用，近年来发展较快。生产上主要用于防治棉花、蔬菜、果树、茶树、花卉等作物上的多种害虫。此类杀虫剂种类较多，常用的有氰戊菊酯（杀灭菊酯）、甲氰菊酯（灭扫利）、溴氰菊酯（敌杀死）、氯氟氰菊酯（百树得）等。此类农药残效期长，对家蚕毒性极大，应禁止在桑园周围使用。

家蚕中毒后头胸抬起、摇摆，身体翻滚、扭曲成螺旋状，大量吐液；部分蚕临死前嘴、足和身体微动不停；死后侧倒，头部伸出，腹足分开，有的头尾向背弯曲。

193. 家蚕沙蚕毒素类杀虫剂中毒有哪些症状特点？

沙蚕体内含有一种有毒物质称为沙蚕毒素，仿照其化学结构合成的一系列沙蚕毒素类似物可作为杀虫剂使用，对害虫具有很强的触杀和胃毒作用，还有一定的内吸和熏蒸作用。生产上主要用于防治水稻、小麦、玉米、豆类、蔬菜、甘蔗、果树、茶树等作物上的多种害虫。常用的有杀虫双、杀虫单、杀螟丹等。此类农药对家蚕毒性极大，大田使用后通过熏蒸污染桑叶也会使家蚕中毒，因此严禁在蚕区使用。

家蚕中毒后表现为麻痹瘫痪状，静伏蚕座，不食不动，体色不变，不吐液，但背脉管仍有搏动，至死亡需数天时间。轻度中毒的蚕能恢复食桑，但5龄期发生中毒，上蔟后大多吐平板丝，不能正常营茧。

194. 家蚕氨基甲酸酯类杀虫剂中毒有哪些症状特点？

氨基甲酸酯类杀虫剂种类较多，目前常用的有灭多威、丁硫克百威、残杀威等，对昆虫具有触杀、胃毒作用，少数还有内吸和熏蒸作用。生产上主要用于防治棉花、蔬菜、玉米、烟草、果树、桑树等作物上的多种害虫。

家蚕灭多威中毒后头胸抬起、摇摆不停，身体翻滚，乱爬，大量吐液，脱肛明显。死后侧倒或向上，头部伸出，胸部略膨大，身体缩短。

195. 家蚕新烟碱类杀虫剂中毒有哪些症状特点？

新烟碱类农药是一种全新结构、杀虫机制独特、广谱高效和持效时间长的杀虫剂，生产上主要用于防治水稻、小麦、棉花、蔬菜、果树等作物上的多种害虫。目前常用的有吡虫啉、氯噻啉、烯定虫胺等，对昆虫具有触杀、胃毒和内吸作用。此类农药对家蚕毒性高，禁止在桑园周围使用。

家蚕中毒后头胸略有摇摆，胸部稍膨大，头尾向背弯曲，吐液较多，呈块状。死后侧倒或向上，头尾向背弯曲呈“U”形。其中烯定虫胺中毒后，头胸摇摆强烈，后期到处乱爬，部分脱肛，至死亡需数天时间，死后身体缩短。

196. 家蚕苯醚类杀虫剂中毒有哪些症状特点？

苯醚类农药是一种扰乱昆虫生长的调节剂，具有强烈的杀卵活性，同时也有内吸作用。对昆虫的抑制作用表现在抑制胚胎发育及卵的孵化和活力、幼虫蜕皮和成虫繁殖上，是一种保幼激素类型的几丁质合成抑制剂。主要用于防治蔬菜、果树、烟草等作物上的鳞翅目、直翅目、鞘翅目、膜翅目、双翅目等多种害虫，也用于防治蚊、蝇、蚤等公共卫生害虫。目前常用的有吡丙醚等。此类农药对家蚕极为敏感，会破坏蚕体内正常的激素平衡，导致不能营茧。

吡丙醚具有内吸和熏蒸作用。家蚕中毒后头部翘起，头胸略有摇摆，体色、体形正常，吐液很少。微量中毒能恢复食桑和就眠蜕皮，5龄期外观一切正常，但龄期经过大幅延长，基本不能吐丝结茧。小蚕中毒后头部伸出，胸部略膨大，脱肛，死后身体扭曲。

197. 家蚕抗生素类杀虫剂中毒有哪些症状特点？

抗生素类杀虫剂是一类利用微生物代谢产物来防治害虫的生物农药，具有广谱、高效、持效期长和害虫不易产生耐药性等优点，对害虫有胃毒和触杀作用。目前推广使用的主要有阿维菌素、甲氨基阿维菌素、多杀霉素等，常用于防治棉花、蔬菜、果树、烟草、多种园林植物上的螨虫以及鳞翅目、双翅目、同翅目和鞘翅目的主要害虫。对家蚕有极强的毒性。

家蚕阿维菌素中毒后呈麻痹假死状，多数侧倒，头部伸出，头尾向背略弯，腹足稍后倾，尾部背面有缩皱，吐液较少，部分排连珠粪，数天后死亡。小蚕中毒后头尾向背弯曲明显，呈“U”字形。

家蚕甲氨基阿维菌素中毒后头胸抬起摇摆，头尾向背弯曲，部分扭曲翻滚，略有乱爬，吐液较多，少量脱肛。临死前部分蚕嘴、足和身体微动不停。死后侧倒或向上，头部伸出。小蚕中毒后胸部略膨大，身体扭曲，排连珠粪，死后侧倒，头尾向背或向腹弯曲。与阿维菌素相比，毒性大、死亡快。

198. 家蚕植物源类杀虫剂中毒有哪些症状特点？

很多植物体内含有能杀虫的物质，如除虫菊的花、鱼藤的根浸泡后的水可直接作为杀虫剂使用。还可用化学方法将植物中所含的杀虫物质提取出来，加工成农药出售，如烟碱水剂、苦参碱水剂、印楝素乳油等。此类杀虫剂具有易降解、对农产品和环境无污染、对作物安全等优点；对害虫有拒食、忌避、毒杀及影响昆虫生长发育等多种作用；对家蚕的毒性极高。由于不同杀虫植物的有效成分各异，所以家蚕中毒后表现出来的症状也存在一定的差异。

家蚕印楝素中毒后，蚕体伸直、侧卧于蚕座呈麻痹状，头部伸出，身体较软，吐少量褐色污液，排暗红色稀粪或连珠粪，后期头尾向背略弯，至死亡需数天时间。死后体色、体形不变，大蚕中毒后尾部背面缩皱明显。

199. 如何预防家蚕农药中毒的发生？

生产上家蚕农药中毒绝大多数是食下被农药污染的桑叶后所致。由于农药中毒大多突然发作，很快死亡，迄今为止尚无有效解毒措施，同时目前农药更新换代快，种类繁多，混配剂大量使用，给技术部门在家蚕中毒发生后及时确定农药种类带来很大困难。因此，养蚕过程中重在预防。

（1）相关职能部门要加强对农药产、销市场经常性的检查，严防沙蚕毒素类、菊酯类等一些对家蚕毒性极大的农药在蚕桑主产区养蚕季节生产、销售和使用。

（2）建设集中连片规模桑园，尽量减少与其他农作物交叉种植。大田用药治虫要提前相互告知，喷药时注意风向，关闭蚕室门窗，避免药液飘移或通过熏蒸污染毗邻桑园和蚕室。

（3）宣传教育广大农户做到桑园和其他作物治虫器械不混用；配制药液不用田沟水；蚕室蚕具不堆放和接触农药等。在养蚕期间自觉禁用一些未经农技部门试验推广、对家蚕毒性不明的新农药。

（4）桑园治虫要规范、安全用药，不擅自更换品种、提高浓度，逐步扩大推广桑树专用农药。对一些用量较大、尚未登记在桑园上使用的常规农药，可通过委托厂家定点生产，并与厂方签订质量保证合同等办法来确保使用安全。

（5）提高广大蚕农预防家蚕农药中毒的意识和技术，对于用药治虫桑园和毗邻其他农作物的桑园，大量采叶前应做到先试后吃。

200. 家蚕农药中毒后应如何处理？

在养蚕期间一旦发生农药中毒，应及时采取以下措施。

（1）立即在蚕座上撒新鲜石灰粉进行隔离，并加网除沙，更换蚕具，同时要打开蚕室门窗通风换气。

（2）在查清毒源的基础上，改用清洁桑叶。对中毒后吐液较多的蚕，可用冷水浸洗后放在阴凉通风处，并适当降低饲育温度。

（3）对被有毒桑叶、中毒蚕吐液和粪便等污染的所有蚕具进行彻底清洗、曝晒、消毒。

（4）对中毒后恢复的蚕和微量农药中毒引起头胸摇摆、爬匾沿的蚕，要加强饲养管理和防病消毒，严防因体质虚弱而诱发传染性疾病。

附　　录

附录 1　相对湿度查询表

相对湿度(%) / 干湿差(℃) / 干球湿度(℃)	0	0.5	1.0	1.5	2.0	2.5	3.0	3.5	4.0	4.5	5.0	5.5	6.0	6.5	7.0	7.5	8.0	8.5	9.0	9.5	1.0
5.5	100	91	83	75	68	61	54	47	41	35	29	23									
6.0	100	91	84	75	69	61	55	48	42	36	30	24	20								
6.5	100	92	84	76	69	62	55	49	43	37	32	26	21	16							
7.0	100	92	84	76	70	63	56	50	44	38	33	27	22	17	13						
7.5	100	92	84	77	70	64	57	51	45	39	34	29	23	19	14	10					
8.0	100	92	85	77	71	64	58	52	46	40	35	30	25	21	16	12	8				
8.5	100	92	85	78	71	65	58	53	47	41	36	31	25	22	18	13	10	6			
9.0	100	92	85	78	72	65	59	53	48	42	37	32	27	23	19	15	11	8	4		
9.5	100	93	85	79	72	66	60	54	48	43	38	33	27	24	20	16	13	9	5	2	
10.0	100	93	86	79	73	66	61	55	49	44	39	34	30	25	21	18	14	10	7	4	1
10.5	100	93	86	79	73	67	61	56	50	45	40	35	31	26	22	19	15	11	8	5	2
11.0	100	93	86	80	74	67	62	56	51	46	41	36	32	28	24	20	16	13	10	7	4
11.5	100	93	86	80	74	68	62	57	51	47	42	37	33	29	25	21	18	14	11	8	5

（续）

相对湿度（%）／干湿差（℃）／干球湿度（℃）	0	0.5	1.0	1.5	2.0	2.5	3.0	3.5	4.0	4.5	5.0	5.5	6.0	6.5	7.0	7.5	8.0	8.5	9.0	9.5	1.0
12.0	100	93	87	80	74	68	63	57	52	47	43	38	34	30	26	22	19	15	12	9	6
12.5	100	93	87	81	74	69	63	58	53	48	43	39	35	31	27	23	20	16	13	10	7
13.0	100	93	87	81	75	69	64	58	54	48	44	40	36	32	28	24	21	18	14	11	9
13.5	100	94	87	81	75	70	64	59	54	50	44	41	36	33	29	25	22	19	15	13	10
14.0	100	94	87	81	76	70	65	59	55	50	46	41	37	33	30	26	23	20	17	14	11
14.5	100	94	87	82	76	71	65	60	55	51	46	42	38	34	31	27	24	21	18	15	12
15.0	100	94	88	82	76	71	66	60	56	51	47	43	39	35	32	28	25	22	19	16	13
15.5	100	94	88	82	77	71	66	61	56	52	48	44	40	36	32	29	26	23	20	17	14
16.0	100	94	88	82	77	72	67	62	57	53	49	44	41	37	33	30	27	24	21	18	15
16.5	100	94	88	83	77	72	67	63	57	54	49	45	41	38	34	31	27	25	22	19	16
17.0	100	94	88	83	78	73	68	63	58	54	50	46	42	38	35	31	28	25	23	20	17
17.5	100	94	88	83	78	73	68	63	58	55	50	47	42	39	35	32	29	26	23	21	18
18.0	100	94	89	83	78	74	68	63	59	55	51	47	43	40	36	33	30	27	24	22	19
18.5	100	94	89	83	78	74	68	64	59	56	51	48	44	41	37	34	31	29	25	23	20

（续）

干湿差(℃) / 相对湿度(%) / 干球湿度(℃)	0	0.5	1.0	1.5	2.0	2.5	3.0	3.5	4.0	4.5	5.0	5.5	6.0	6.5	7.0	7.5	8.0	8.5	9.0	9.5	1.0
19.0	100	94	89	83	79	74	69	64	60	56	52	48	45	41	38	35	32	29	26	23	21
19.5	100	94	89	84	79	74	69	65	60	57	52	49	45	42	38	35	32	30	27	24	22
20.0	100	94	89	84	79	74	70	65	61	57	53	50	45	42	39	36	33	30	28	25	23
20.5	100	95	95	84	79	75	70	66	61	58	53	50	45	43	39	37	33	31	28	26	23
21.0	100	95	95	84	80	75	70	66	62	58	54	51	47	43	40	37	34	32	29	26	24
21.5	100	95	95	85	80	75	70	67	62	59	54	51	47	44	41	38	35	33	29	27	25
22.0	100	95	95	85	80	75	71	67	63	59	55	52	48	44	42	38	36	33	30	28	26
22.5	100	95	95	85	80	76	71	67	63	59	55	52	48	45	42	39	36	34	31	29	26
23.0	100	95	95	85	80	76	71	68	63	60	56	53	49	45	43	39	37	34	32	29	27
23.5	100	95	95	85	80	76	72	68	63	60	56	53	49	46	43	40	37	35	32	30	27
24.0	100	95	95	85	81	76	72	68	64	61	57	54	50	46	44	40	38	35	33	30	28
24.5	100	95	95	85	81	77	72	68	64	61	57	54	50	47	44	41	38	36	33	31	28
25.0	100	95	95	85	81	77	73	69	65	61	58	55	51	47	45	41	39	36	34	31	29

（续）

相对湿度（%） 干湿差（℃） 干球湿度（℃）	0	0.5	1.0	1.5	2.0	2.5	3.0	3.5	4.0	4.5	5.0	5.5	6.0	6.5	7.0	7.5	8.0	8.5	9.0	9.5	1.0
25.5	100	95	90	86	81	77	73	69	65	62	58	55	51	48	45	42	39	37	34	32	29
26.0	100	95	90	86	82	77	73	69	66	62	58	55	52	48	46	42	40	37	35	32	30
26.5	100	95	90	86	82	78	74	70	66	62	59	55	52	49	46	43	40	38	35	33	30
27.0	100	95	91	86	82	78	74	70	66	62	59	56	53	49	47	43	41	38	36	33	31
27.5	100	95	91	86	82	78	74	70	66	63	60	56	53	50	47	44	41	39	36	34	31
28.0	100	95	91	86	82	78	74	70	67	63	60	57	53	50	47	44	42	39	37	34	32
28.5	100	95	91	87	82	78	75	71	67	63	60	57	53	50	48	45	42	40	37	35	32
29.0	100	95	91	87	83	78	75	71	67	64	60	57	54	51	48	45	43	40	38	35	33
29.5	100	95	91	87	83	79	75	71	68	64	61	58	54	51	48	46	43	41	38	36	33
30.0	100	95	91	87	83	79	75	71	68	64	61	58	55	51	49	46	44	41	39	36	34
30.5	100	96	91	87	83	79	75	72	68	65	61	58	55	52	49	47	44	42	39	37	34
31.0	100	96	91	87	83	79	75	72	68	65	62	58	56	52	50	47	45	42	40	37	35
31.5	100	96	91	87	83	79	75	72	69	65	62	59	56	53	50	47	45	42	40	38	35
32.0	100	96	91	87	83	79	76	72	69	65	62	59	56	53	50	48	45	42	40	38	36

（续）

相对湿度(%) 干湿差(℃) 干球湿度(℃)	0	0.5	1.0	1.5	2.0	2.5	3.0	3.5	4.0	4.5	5.0	5.5	6.0	6.5	7.0	7.5	8.0	8.5	9.0	9.5	1.0
32.5	100	96	91	87	83	80	76	72	69	66	62	59	56	54	51	48	46	43	41	39	36
33.0	100	96	91	87	83	80	76	72	69	66	63	59	57	54	51	48	46	43	41	39	37
33.5	100	96	91	88	83	80	76	73	70	66	63	60	57	54	51	49	46	44	41	39	37
34.0	100	96	92	88	84	80	76	73	70	66	63	60	57	54	52	49	47	44	42	40	38
34.5	100	96	92	88	84	80	76	73	70	67	63	60	57	55	52	49	47	45	42	40	38
35.0	100	96	92	88	84	80	76	73	70	67	64	60	58	55	52	50	47	45	43	40	38
35.5	100	96	92	88	84	80	77	73	70	67	64	61	58	55	52	50	47	45	43	41	39
36.0	100		92	88	84	80	77	73	70	67	64	61	58	55	53	50	48	45	43	41	39
36.5	100			88	84	81	77	74	70	67	64	61	58	556	53	51	48	46	44	41	39
37.0	100				84	81	77	74	71	67	65	61	59	56	53	51	48	46	44	42	40
37.5	100					81	77	74	71	68	65	62	59	56	53	51	49	46	44	42	40
38.0	100						78	74	71	68	65	62	59	56	54	51	49	46	44	42	40
38.5	100							74	71	68	65	62	60	57	54	52	49	47	45	43	40
39.0	100								71	68	65	62	60	57	54	52	50	47	45	43	41
39.5	100									68	65	63	60	57	54	52	50	48	45	43	41
40.0	100										66	63	60	57	55	52	50	48	46	43	41

附录2 摄氏度（℃）和华氏度（℉）对照表

℃	℉	℃	℉	℃	℉	℃	℉	℃	℉	℃	℉	℃	℉
−10.0	14.0	−4.0	24.8	+2.0	35.6	8.0	46.4	14.0	57.2	20.0	68.0	26.0	78.8
−9.5	14.9	−3.5	25.7	2.5	36.5	8.5	47.3	14.5	58.1	20.5	68.9	26.5	79.7
−9.0	15.8	−3.0	26.6	3.0	37.4	9.0	48.2	15.0	59.0	21.0	69.8	27.0	80.6
−8.5	16.7	−2.5	27.5	3.5	38.3	9.5	49.1	15.5	59.9	21.5	70.7	27.5	81.5
−8.0	17.6	−2.0	28.4	4.0	39.2	10.0	50.0	16.0	60.8	22.0	71.6	28.0	82.4
−7.5	18.5	−1.5	29.3	4.5	40.1	10.5	50.9	16.5	61.7	22.5	72.5	28.5	83.3
−7.0	19.4	−1.0	30.2	5.0	41.0	11.0	51.8	17.0	62.6	23.0	73.4	29.0	84.2
−6.5	20.3	−0.5	31.1	5.5	41.9	11.5	52.7	17.5	63.5	23.5	74.3	29.5	85.1
−6.0	21.2	−0	32.0	6.0	42.8	12.0	53.6	18.0	64.4	24.0	75.2	30.0	86.0
−5.5	22.1	+0.5	32.9	6.5	43.7	12.5	54.5	18.5	65.3	24.5	76.1	30.5	86.9
−5.0	23.0	+1.0	33.8	7.0	44.6	13.0	55.4	19.0	66.2	25.0	77.0	31.0	87.8
−4.5	23.9	+1.5	34.7	7.5	45.5	13.5	56.3	19.5	67.1	25.5	77.9	31.5	88.7

（续）

℃	℉	℃	℉	℃	℉	℃	℉	℃	℉	℃	℉	℃	℉
32.0	89.6	37.5	99.5	43.0	109.4	48.5	119.3	54.0	129.2	59.5	139.1	65.0	149.0
32.5	90.5	38.0	100.4	43.5	110.3	49.0	120.2	54.5	130.1	60.0	140.0	65.5	149.9
33.0	91.4	38.5	101.3	44.0	111.2	49.5	121.1	55.0	131.0	60.5	140.9	66.0	150.8
33.5	92.3	39.0	102.2	44.5	112.1	50.0	122.0	55.5	131.9	61.0	141.8	66.5	151.7
34.0	93.2	39.5	103.1	45.0	113.0	50.5	122.9	56.0	132.8	61.5	142.7	67.0	152.6
34.5	94.1	40.0	104.0	45.5	113.9	51.0	123.8	56.5	133.7	62.0	143.6	67.5	153.5
35.0	95.0	40.5	104.9	46.0	114.8	51.5	124.7	57.0	134.6	62.5	144.5	68.0	154.4
35.5	95.9	41.0	105.8	46.5	115.7	52.0	125.6	57.5	135.5	63.0	145.4	68.5	155.3
36.0	96.8	41.5	106.7	47.0	116.6	52.5	126.5	58.0	136.4	63.5	146.3	69.0	156.2
36.5	97.7	42.0	107.6	47.5	117.5	53.0	127.4	58.5	137.3	64.0	147.2	69.5	157.1
37.0	98.6	42.5	108.5	48.0	118.4	53.5	128.3	59.0	138.2	64.5	148.1	70.0	158.0

附录3　春期打孔保鲜膜小蚕两回育技术参考表

龄期	饲养日期（第几天）	龄期天数（第几天）	给桑 次数（第几次）	给桑 时间（时）	给桑 切叶大小（厘米）	给桑 用桑量（千克）	蚕座面积（米²）	温湿度 温度（℃）	温湿度 干湿差（℃）	技术处理	备注
一龄期	1	1	收蚁	7：00	0.8×0.8	0.02	0.10	26.5	1.5	蚁体消毒，加网收蚁	①本表各项技术指标以一张蚕种计算，适用于秋种春养。 ②每张蚕种须备专用打孔保鲜膜6张。 ③打孔保鲜膜使用方法：1～2龄上盖下垫，四周折好；3龄只盖不垫，如遇高温高湿天气，可不盖膜，并适当增加给桑次数。各龄眠中不盖。 ④每次给桑前半小时揭膜换气、干燥蚕座。特别要做好3龄期蚕室的通风换气工作。
			1	8：30	1.5×1.0	0.05	0.15	28.5	0.5	去网定座	
			2	19：00	2.0×1.0	0.11	0.25			扩座匀座，撒新鲜石灰粉	
	2	2	3	7：00	2.0×1.5	0.21	0.35			扩座匀座，撒新鲜石灰粉	
			4	19：00	2.5×2.0	0.34	0.50	27.5		扩座匀座，撒新鲜石灰粉	
	3	3	5	7：00	2.0×1.5	0.22	0.70			扩座匀座，撒新鲜石灰粉	
			止桑	20：00	2.0×0.5	0.05	0.70			适时揭盖膜，加提青网提青，蚕体消毒，干燥蚕座	
	眠中　1龄每张蚕种用桑1.0千克							26.0	1.5	保持安静，注意空气新鲜	

（续）

龄期	饲养日期（第几天）	龄期天数（第几天）	给桑 次数（第几次）	给桑 时间（时）	给桑 切叶大小（厘米）	给桑 用桑量（千克）	蚕座面积（米²）	温湿度 温度（℃）	温湿度 干湿差（℃）	技术处理	备注
二龄期	4	1	饷食	17：00	2.0×1.5	0.2	0.70	27.0	1.0	蚕体消毒，加分匾网饷食	⑤用叶标准：1龄适熟略偏嫩；2～3龄适熟略偏老。⑥因两回育给桑间隔时间长，所以一定要做好超前扩座匀座工作。⑦在给桑时要参照前次残桑量称量给桑。⑧为掌握好标准温湿度，确保蚕座安全，在蚕室加温时不能用顶头火缸等明火加温。
			1	19：00	2.5×2.0	0.6				扩座匀座	
	5	2	2	7：00	3.0×2.0	0.9	1.20			起除沙，分匾定座	
			3	19：00	3.0×2.5	1.1	1.50			扩座匀座，撒新鲜石灰粉	
	6	3	4	5：00	2.5×2.0	1.0	1.70			扩座匀座，撒新鲜石灰粉，加眠网，眠除沙，去掉垫膜，适时揭去盖膜	
			止桑	17：00	2.0×0.8	0.2	1.70			适时加提青网提青，蚕体消毒，干燥蚕座	
	眠中　2龄每张蚕种用桑4.0千克							25.0	1.5	保持安静，注意空气新鲜	

（续）

龄期	饲养日期（第几天）	龄期天数（第几天）	给桑 次数（第几次）	给桑 时间（时）	给桑 切叶大小（厘米）	给桑 用桑量（千克）	蚕座面积（米^2）	温湿度 温度（℃）	温湿度 干湿差（℃）	技术处理	备注
三龄期	7	1	饷食	19：00	片叶	0.6	1.70	25.0	1.0	蚕体消毒，加分匾网饷食，注意通风换气	⑨氟污染较重地区或桑叶含氟量较高年份，3龄期应改用新梢叶。⑩本表各项技术指标，可根据蚕品种、气候等情况，在饲养中灵活掌握，适当调整。
			1	20：00		1.1				注意通风换气	
	8	2	2	7：00	三眼叶	3.2	2.50			起除沙，分匾定座，注意通风换气	
			3	19：00		3.6	3.00			扩座匀座，撒新鲜石灰粉，注意通风换气	
	9	3	4	7：00		4.6	3.50			扩座匀座，撒新鲜石灰粉，注意通风换气	
			5	19：00		3.4	4.00			扩座匀座，撒新鲜石灰粉，注意通风换气	
	10	4	6	5：00	片叶（切叶）	3.0	4.50			扩座匀座，撒新鲜石灰粉，加眠网，适时眠除沙，揭去盖膜	
			止桑	19：00		0.5	4.50			适时加提青网提青，蚕体消毒，干燥蚕座	
	11		眠中 3龄每张蚕种用桑20.0千克					23.5	1.5	保持安静，注意通风换气	

附录4 春期大蚕三回育饲养技术参考表

龄期	饲养日期（第几天）	龄期天数（第几天）	给桑 次数（第几次）	给桑 时间（时）	给桑 用桑量（千克）	蚕座面积（米²）	温湿度 温度（℃）	温湿度 干湿差（℃）	技术处理	备注
四龄期	12	1	饷食	5：00	1.5	5.5	24.0	2.0	蚕体消毒，加起除分匾网	①本表各项技术指标以一张蚕种计算，适用于秋种春养。②饲养中应根据品种、家蚕发育、气候环境等情况，对各项技术参数灵活掌握，并作适当调整。③在给桑时要参照前次残桑量适当增减。④一般要求每天1次常规消毒，且间隔使用石灰或防病一号。发病时应根据病情每天2次消毒，并及时淘汰病弱蚕。
			1	7：00	2.5				扩座匀座	
			2	12：00	4.5	8.0			起除沙，分匾定座	
			3	20：00	8.0				扩座匀座，撒新鲜石灰粉	
	13	2	4	5：00	9.0	10.0			扩座匀座	
			5	12：00	10.0				灭蚕蝇体喷	
			6	20：00	11.0				撒新鲜石灰粉，加中除网	
	14	3	7	5：00	11.0	12.0			中除沙，扩座匀座	
			8	12：00	11.0				叶面添食	
			9	20：00	12.0	14.0			扩座匀座，撒新鲜石灰粉	
	15	4	10	5：00	10.0				加眠网	
			11	12：00	7.5				眠除沙	
			止桑	20：00	2.0				适时加提青网提青，干燥蚕座	
	16	眠中	4龄每张蚕种用桑100.0千克				23.0	3.0	保持安静，注意通风换气	

（续）

龄期	饲养日期（第几天）	龄期天数（第几天）	给桑 次数（第几次）	给桑 时间（时）	给桑 用桑量（千克）	蚕座面积（米²）	温湿度 温度（℃）	温湿度 干湿差（℃）	技术处理	备注
五龄期	17	1	饷食	10：00	5.0	14.0	23.0	2.5	蚕体消毒，加起除分匾网	⑤叶面添食一般选用福安菌克、消力威、消特灵（主剂）和漂白粉等药剂。⑥必须高度重视蚕室的通风换气工作，严防高温高湿危害。
			1	12：00	15.0				扩座匀座	
			2	20：00	20.0	20.0			起除沙，分匾定座，撒新鲜石灰粉	
	18	2	3	5：00	25.0				扩座匀座	
			4	12：00	25.0	23.0			灭蚕蝇体喷	
			5	20：00	30.0				撒新鲜石灰粉	
	19	3	6	5：00	30.0				扩座匀座	
			7	12：00	30.0	27.0			加中除网，叶面添食	
			8	20：00	35.0				中除沙，撒新鲜石灰粉	
	20	4	9	5：00	40.0				扩座匀座	
			10	12：00	40.0	31.0			灭蚕蝇体喷	
			11	20：00	40.0				撒新鲜石灰粉	
	21	5	12	5：00	40.0	35.0			扩座匀座	
			13	12：00	40.0				加中除网，叶面添食	
			14	20：00	40.0				中除沙，撒新鲜石灰粉	
	22	6	15	5：00	40.0				扩座匀座	
			16	12：00	40.0				灭蚕蝇体喷	
			17	20：00	35.0				撒新鲜石灰粉	
	23	7	18	5：00	35.0				扩座匀座	
			19	12：00	30.0				加中除网，叶面添食	
			20	20：00	30.0				中除沙	
	24	8	21	5：00	25.0				灭蚕蝇体喷，做好上蔟准备	
			22	12：00	10.0				适熟上蔟，重视蔟中通风排湿	
			5龄每张蚕种用桑700.0千克							

附录5　夏秋期打孔保鲜膜小蚕两回育技术参考表

龄期	饲养日期（第几天）	龄期天数（第几天）	给桑：次数（第几次）	给桑：时间（时）	给桑：切叶大小（厘米^2）	给桑：用桑量（千克）	蚕座面积（米^2）	温湿度：温度（℃）	温湿度：干湿差（℃）	技术处理	备注
一龄期	1	1	收蚁	7：00	0.8×0.8	0.02	0.10	26.5	1.5	蚁体消毒，加网收蚁	①每张蚕种须备专用打孔保鲜膜6张。②打孔保鲜膜使用方法：1～2龄上盖下垫，四周折好；3龄只盖不垫，如遇高温高湿天气，可不盖膜，并适当增加给桑次数。各龄眠中不盖。③每次给桑前半小时揭膜换气、干燥蚕座。特别要做好3龄期蚕室的通风换气工作。④用叶标准：1龄适熟略偏嫩；2～3龄适熟略偏老。
			1	8：00	1.5×1.0	0.05	0.15	28.0	0.5	去网定座	
			2	19：00	2.0×1.5	0.10	0.25			扩座匀座，撒新鲜石灰粉	
	2	2	3	6：00		0.20	0.40			扩座匀座，撒新鲜石灰粉	
			4	19：00	2.5×2.0	0.35	0.55			扩座匀座，撒新鲜石灰粉	
	3	3	5	6：00	2.0×1.5	0.22	0.70			扩座匀座，撒新鲜石灰粉	
			止桑	17：00	2.0×0.5	0.06				适时揭盖膜，加提青网提青，蚕体消毒，干燥蚕座	
	眠中　1龄每张蚕种用桑1.0千克							27.0	1.5	保持安静，注意空气新鲜	
二龄期	4	1	饷食	13：00	2.0×1.5	0.2	0.70	27.0	1.0	蚕体消毒，加分匾网饷食	
			1	15：00	2.5×2.0	0.6				扩座匀座	
	5	2	2	6：00	3.0×2.5	0.8	1.20			起除沙，分匾定座	
			3	19：00		1.0	1.50			扩座匀座，撒新鲜石灰粉	

（续）

龄期	饲养日期（第几天）	龄期天数（第几天）	给桑 次数（第几次）	给桑 时间（时）	给桑 切叶大小（厘米²）	给桑 用桑量（千克）	蚕座面积（米²）	温湿度 温度（℃）	温湿度 干湿差（℃）	技术处理	备注
二龄期	6	3	4	6：00	2.5×2.0	1.2	1.70			扩座匀座，撒新鲜石灰粉，加眠网，适时眠除沙，去除底膜，适时揭去盖膜	⑤因两回育给桑间隔时间长，所以必须要做好超前扩座匀座工作。⑥在给桑时要参照前次残桑量称量给桑。⑦为掌握好标准温湿度，确保蚕座安全，在蚕室加温时不能用顶头火缸等明火加温。⑧本表各项技术指标可根据蚕品种、气候等情况，在饲育中灵活掌握，适当调整。
			止桑	13：00	2.0×0.8	0.2				适时加提青网提青，蚕体消毒，干燥蚕座	
眠中　2龄每张蚕种用桑4.0千克								26.5	1.5	保持安静，注意空气新鲜	
三龄期	7	1	饷食	10：00	切叶	0.6	1.70			蚕体消毒，加分匾网饷食，注意通风换气	
			1	12：00	片叶	1.0				扩座匀座，注意通风换气	
			2	19：00		2.4	2.50			起除沙，分匾定座，注意通风换气	
	8	2	3	6：00		3.8	3.00	26.5	1.0	扩座匀座，撒新鲜石灰粉，注意通风换气	
			4	19：00		4.0	3.50			扩座匀座，撒新鲜石灰粉，注意通风换气	
	9	3	5	6：00	切叶	3.5	4.00			扩座匀座，撒新鲜石灰粉，加眠网，适时眠除沙，注意通风换气	
			止桑	20：00		0.7	4.50			适时加提青网提青，蚕体消毒，干燥蚕座	
眠中　3龄每张蚕种用桑16.0千克								26.0	1.5	保持安静，注意通风换气	

附录6　夏秋期大蚕三回育饲养技术参考表

龄期	饲育日期（第几天）	龄期天数（第几天）	给桑 次数（第几次）	给桑 时间（时）	给桑 用桑量（千克）	蚕座面积（米²）	温湿度 温度（℃）	温湿度 湿度（℃）	技术处理	备注
四龄期	10	1	饷食	19：00	1.5	4.5	26.0	2.0	蚕体消毒，加起除分匾网	①本表各项技术指标以一张蚕种计算。 ②饲养中应根据品种、蚕儿发育、气候环境等情况，对各项技术参数灵活掌握，并作适当调整。 ③在给桑时要参照前次残桑量适当增减。 ④一般要求每天1次常规消毒，且间隔使用新鲜石灰粉或防病一号。发病时应根据病情每天2次消毒，并及时淘汰病弱蚕。
			1	21：00	2.5				扩座匀座	
	11	2	2	5：00	4.5	8.0			起除沙，分匾定座	
			3	12：00	7.0				叶面添食	
			4	20：00	9.0	11.0			扩座匀座，撒新鲜石灰粉	
	12	3	5	5：00	10.0				加中除网	
			6	12：00	11.5				中除沙，灭蚕蝇体喷	
			7	20：00	11.5	14.0			扩座匀座，撒新鲜石灰粉	
	13	4	8	5：00	9.0				加眠网	
			9	12：00	6.5				眠除沙，叶面添食	
			止桑	20：00	2.0				适时加提青网提青，干燥蚕座	
	14	眠中	4龄每张蚕种用桑75.0千克				25.5	3.0	保持安静，注意通风换气	
五龄期	15	1	饷食	5：00	4.0	14.0	26.0	2.5	蚕体消毒，加起除分匾网	
			1	7：00	8.0				扩座匀座	
			2	12：00	16.0	19.0			起除沙，分匾定座	
			3	20：00	20.0				撒新鲜石灰粉	

（续）

龄期	饲育日期（第几天）	龄期天数（第几天）	给桑			蚕座面积（米²）	温湿度		技术处理	备注
			次数（第几次）	时间（时）	用桑量（千克）		温度（℃）	湿度（℃）		
五龄期	16	2	4	5：00	25.0	23.0			扩座匀座	⑤叶面添食一般选用福安菌克、消力威、消特灵（主剂）和漂白粉等药剂。 ⑥必须高度重视蚕室的通风换气工作，严防高温高湿危害。
			5	12：00	25.0				加中除网，叶面添食	
			6	20：00	30.0	27.0			中除沙，撒新鲜石灰粉	
	17	3	7	5：00	30.0				扩座匀座	
			8	12：00	32.0				灭蚕蝇体喷	
			9	20：00	34.0				撒新鲜石灰粉	
	18	4	10	5：00	34.0	31.0			扩座匀座	
			11	12：00	34.0				加中除网，叶面添食	
			12	20：00	34.0		26.0	2.5	中除沙，撒新鲜石灰粉	
	19	5	13	5：00	34.0				扩座匀座	
			14	12：00	34.0	35.0			灭蚕蝇体喷	
			15	20：00	34.0				撒新鲜石灰粉	
	20	6	16	5：00	32.0				扩座匀座	
			17	12：00	30.0				加中除网，叶面添食	
			18	20：00	30.0				中除沙	
	21	7	19	5：00	20.0				灭蚕蝇体喷，做好上蔟准备	
			20	12：00	10.0				适时上蔟，重视蔟中通风排湿	
			5龄每张蚕种用桑550.0千克							

附录7　常用蚕室蚕具消毒剂介绍

药剂名称	消毒对象	配制和使用方法	注意事项
漂白粉	病毒、细菌、真菌、原虫	先用少量清洁水将漂白粉调成糊状，再加足水量（按每千克漂白粉加清洁水25千克的比例配制）充分搅拌，加盖静置1～2小时后，取澄清液喷雾消毒或浸渍消毒。 喷雾消毒：蚕室每100米^{2}面积用消毒液25千克左右；蚕具必须喷湿透。 浸渍消毒：以蚕具浸湿透为宜，并适时补充消毒液，以保证消毒效果。消毒后均应保持湿润半小时以上。	购买有效期内且包装完好的产品。 现配现用，避免在阳光下使用。 消毒液勿与电器、金属和棉制品等接触，防止腐蚀。
消特灵		先用少量清洁水将主剂（125克）调成糊状，加盖后放置2小时左右，再加入25千克清洁水并充分搅拌，最后将辅剂加入主剂液中，即可喷雾或浸渍消毒。 消毒方法与漂白粉相同。	配药时主、辅剂不能同时加入，严禁主、辅剂原药直接接触。 消毒液虽腐蚀性较低，但仍应避免接触金属、电器和棉制品等。 原药应避光、避热保存，在有效期内使用。
消力威		先将大包药粉（80克）倒入25千克清洁水中，稍加搅拌后再倒入小包药粉（20克），充分溶解后取消毒液对蚕室蚕具进行喷雾消毒，每100米^{2}蚕室面积用消毒液25千克左右。消毒后保持湿润半小时以上。	严禁主、辅剂直接混合后加水。 配成消毒液后应在5小时内用完。 原药应在避光、阴暗处存放。严禁儿童接触。
熏消净		本品为熏烟消毒剂。使用时先将小包辅剂倒入大包主剂中，捏紧袋口充分摇匀，然后点燃袋角或药粉后即冒烟。用于养蚕前蚕室蚕具消毒时，用量为5克/米^3，密闭熏消5小时以上。	发烟点应与蚕具保持一定距离，严防火灾发生。 本品对皮肤、织物、金属有漂白或腐蚀作用，使用时注意防护。避免儿童接触。

附表8 常用蚕体蚕座消毒剂介绍

药剂名称	消毒对象	配制和使用方法	注意事项
防病一号	真菌	有小蚕用和大蚕用两种。收蚁和1、2龄用小蚕防病一号，3龄起用大蚕防病一号。使用时用尼龙筛或纱布袋，将药粉均匀撒于蚕体蚕座后再给桑。 常规消毒：收蚁和各龄起蚕各1次。小蚕期撒薄霜一层；大蚕期撒浓霜一层。发病时应增加用药次数。	1～2龄蚕不能用大防；大蚕用小防药量需加倍。 撒药后不急于除沙，当餐不宜用湿叶。 用剩的药粉需扎紧袋口，放在阴凉干燥避光处。
漂白石灰粉	病毒 细菌 真菌 原虫	1份漂白粉加12份石灰粉混合均匀用于小蚕期；1份漂白粉加8份石灰粉混合均匀用于大蚕期。用尼龙筛或纱布袋将药粉均匀撒于蚕体蚕座，然后给桑。 常规消毒：蚁蚕及各龄起蚕各使用1次。发病时每天使用1次。每次用药量略多于防病一号。	购买有效期内包装完好的漂白粉。 随配随用，用剩的药粉要放在塑料袋内扎紧，以免与空气接触后潮解失效。 撒药后当餐不宜用湿叶。
新鲜石灰粉	病毒	生石灰（块灰）加适量水化开后，筛出残渣颗粒即成新鲜石灰粉（自然状态下风化的石灰粉无消毒效果）。 1、2龄饷食后每次给桑前撒薄霜一层；3龄饷食后每日1次撒浓霜一层，然后给桑。	当餐不宜用湿叶。 眠中用量要适当，以免产生不蜕皮蚕。 用剩的新鲜石灰粉应装入塑料袋内密封存放。
消特灵主剂液	病毒 细菌 真菌 原虫	蚕体蚕座消毒：每包主剂（125克）加清洁水25千克。在4、5龄期高温干燥天气中午使用，将消毒液喷于蚕体，然后给桑。 叶面消毒：每包主剂（125克）加清洁水50千克，喷在桑叶上喂蚕。	只用主剂，禁用辅剂。 蚕体蚕座消毒后要打开门窗通风排湿，以利蚕座干燥。 上蔟前2天不宜使用。

（续）

药剂名称	消毒对象	配制和使用方法	注意事项
消石力灰威粉	病毒 细菌 真菌 原虫	先将主剂加入新鲜石灰粉拌匀，再加入辅剂拌匀。每包消力威加25倍新鲜石灰粉（即40克包装加1千克石灰粉、100克包装加2.5千克石灰粉）。 将配制成的消毒粉均匀地撒在蚕体上，以薄霜一层为度。	严禁主、辅剂直接混合。避免儿童接触。 配制时注意防止呼吸道损伤。 配制后用塑料袋密封存放，一个蚕期内用完。
熏消净	病毒 细菌 真菌 原虫	将小包辅剂倒入大包主剂中，捏紧袋口摇匀，点燃袋角或药粉。用于蚕期中的蚕体蚕座防僵消毒时，用量为1克/米^3，密闭熏消半小时后打开门窗通风换气。	主辅剂混合后遇火即自动冒烟，注意防火。 本品对皮肤、织物、金属有漂白或腐蚀作用，使用时注意防护；避免儿童接触。
福安菌克	细菌	取福安菌克1支（2毫升），加清洁水0.4千克，稀释后喷于4千克桑叶上喂蚕。从3龄开始，各龄起蚕每隔12小时添食1次，连续2次，为预防添食。 发病时，取福安菌克2～4支，加清洁水0.4千克，稀释后喷于4千克桑叶上喂蚕。每隔8～10小时添食1次，连续3次以上。	不能与新鲜石灰粉等碱性物混用。 避光、阴暗处保存。 专供蚕用，人畜禁用。
灭蚕蝇	蝇蛆 驱虱螨	体喷：每毫升25%的灭蚕蝇原液加清洁水0.3千克。食桑过后均匀喷于蚕体。3～4龄期龄中各1次，5龄第2～6天隔天1次。春蚕期可从4龄开始使用。 添食：每毫升25%的灭蚕蝇原液加清洁水0.5千克喷在5千克桑叶上喂蚕。	配制时应将原药摇匀，加水稀释后充分搅拌。 现配现用，用药前后6小时内不宜用石灰粉。 如灭蚕蝇原液含量为40%，则按比例增加水量。

主要参考文献

[1] 陈伟国．家蚕农药中毒图谱［M］．北京：中国农业出版社，2009
[2] 华德公，胡必利．蚕病图鉴与防治要法［M］．赤峰：内蒙古科学技术出版社，1999
[3] 吴海平，鲁兴萌．养蚕手册（第2版）［M］．北京：中国农业大学出版社，2005
[4] 吴海平，朱俭勋．大棚养蚕新技术［M］．杭州：浙江科学技术出版社，2006
[5] 徐俊良．养蚕手册［M］．北京：中国农业大学出版社，1999
[6] 杨大桢，夏如山．实用蚕病学［M］．成都：四川科学技术出版社，1992
[7] 浙江大学．家蚕病理学［M］．北京：中国农业出版社，2001
[8] 浙江农业大学．养蚕学［M］．北京：中国农业出版社，1980
[9] 浙江省蚕桑学会．蚕种生产技术［M］．杭州：浙江科学技术出版社，1993
[10] 浙江省农业厅．蚕桑［M］．杭州：浙江科学技术出版社，1996

图书在版编目（CIP）数据

实用养蚕技术200问/董瑞华，陈伟国主编．—北京：中国农业出版社，2010.5（2019.6重印）
ISBN 978-7-109-14489-7

Ⅰ.①实… Ⅱ.①董…②陈… Ⅲ.①养蚕－问答 Ⅳ.①S883-44

中国版本图书馆CIP数据核字（2010）第055706号

中国农业出版社出版
（北京市朝阳区麦子店街18号楼）
（邮政编码 100125）
责任编辑 贺志清
文字编辑 周锦玉

中农印务有限公司印刷　新华书店北京发行所发行
2010年5月第1版　2019年6月北京第4次印刷

开本：850mm×1168mm 1/32　印张：5
字数：119千字
定价：18.00元